ISW 47

Berichte aus dem Institut für Steuerungstechnik
der Werkzeugmaschinen und Fertigungseinrichtungen
der Universität Stuttgart

Herausgegeben von Prof. Dr.-Ing. G. Stute †

W0255354

Z. L. WANG

NC-Programmierung

Maschinennaher Einsatz von fertigungstechnisch orientierten Programmiersystemen

Springer-Verlag
Berlin · Heidelberg · New York 1983

D 93

Mit 57 Abbildungen

ISBN-13: 978-3-540-12252-4 e-ISBN-13: 978-3-642-82010-6
DOI: 10.1007/978-3-642-82010-6

Das Werk ist urheberrechtlich geschützt. Die dadurch begründeten Rechte, insbesondere die der Übersetzung, des Nachdrucks, der Entnahme von Abbildungen, der Funksendung, der Wiedergabe auf photomechanischem oder ähnlichem Wege und der Speicherung in Datenverarbeitungsanlagen bleiben, auch bei nur auszugsweiser Verwendung, vorbehalten.
Die Vergütungsansprüche des § 54, Abs. 2 UrhG werden durch die „Verwertungsgesellschaft Wort", München, wahrgenommen.

© Springer-Verlag, Berlin, Heidelberg 1983
Printed in Germany.

Die Wiedergabe von Gebrauchsnamen, Handelsnamen, Warenbezeichnungen usw. in diesem Werk berechtigt auch ohne besondere Kennzeichnung nicht zu der Annahme, daß solche Namen im Sinne der Warenzeichen- und Markenschutz-Gesetzgebung als frei zu betrachten wären und daher von jedermann benutzt werden dürften.

2362/3020-543210

Geleitwort des Herausgebers

Das Institut für Steuerungstechnik der Werkzeugmaschinen und Fertigungseinrichtungen der Universität Stuttgart befaßt sich mit den neuen Entwicklungen der Werkzeugmaschinen und anderen Fertigungseinrichtungen, die insbesondere durch den erhöhten Anteil der Steuerungstechnik an den Gesamtanlagen gekennzeichnet sind. Dabei stehen die numerisch gesteuerten Werkzeugmaschinen in Programmierung, Steuerung, Konstruktion und Arbeitseinsatz sowie die vermehrte Verwendung des Digitalrechners in Konstruktion und Fertigung im Vordergrund des Interesses.

Im Rahmen dieser Buchreihe sollen in zwangloser Folge drei bis fünf Berichte pro Jahr erscheinen, in welchen über einzelne Forschungsarbeiten berichtet wird. Vorzugsweise kommen hierbei Forschungsergebnisse, Dissertationen, Vorlesungsmanuskripte und Seminarausarbeitungen zur Veröffentlichung.

Diese Berichte sollen dem in der Praxis stehenden Ingenieur zur Weiterbildung dienen und helfen, Aufgaben auf diesem Gebiet der Steuerungstechnik zu lösen. Der Studierende kann mit diesen Berichten sein Wissen vertiefen.

Unter dem Gesichtspunkt einer schnellen und kostengünstigen Drucklegung wird auf besondere Ausstattung verzichtet und die Buchreihe im Fotodruck hergestellt.

Der Herausgeber dankt dem Springer-Verlag für Hinweise zur äußeren Gestaltung und Übernahme des Buchvertriebs.

Gottfried Stute

内　容　提　要

本文提出了一种应用面向问题的编程语言以对话的方式在数控机床上直接编程的系统方案，零件源程序通过终端及计算机辅助引导输入、处理并根据处理程序和加工试验得到的错误信息及控制程序段号直接修改零件源程序。根据对话输入和修改的要求扩充了编程系统，研制了相应的对话程序软件，并对其在DNC和CNC系统上的硬件实现作了进一步的探讨。

Kurzfassung

Ein Systemkonzept zum maschinennahen Einsatz von fertigungstechnisch orientierten Programmiersystemen wird erarbeitet. Nach den Anforderungen bei der maschinennahen Nutzung wird der erforderliche Komfort für die rechnergeführte Teileprogrammeingabe und -korrektur durch Rückführung von NC-Sätzen auf Teileprogrammanweisungen realisiert. Dies beinhaltet die Erweiterungen des Processors und des Postprocessors sowie die Entwicklung von Dialogmoduln. Exemplarisch wurde die Kopplung mit einem DNC-System und die Erprobung durchgeführt.

Inhaltsverzeichnis

Seite

Abkürzungen und Begriffe, Programmnamen, Sprachworte

Abkürzungen und Begriffe

APT	Automatically Programmed Tools, fertigungstechnisch orientierte Programmiersprache
AUFBEA	Programmaufruf für Bearbeitungsaufrufe
BELEIN	Programmaufruf für beliebige Eingabe
CAM	Computer Aided Manufacturing
CLDATA	Cutter Location Data, Werkzeugpositionsdaten
CNC	Computerized Numerical Control
DEFBEA	Programmaufruf für Bearbeitungsdefinitionen
DELETE	Kommando "Anweisung löschen"
DNC	Direct Numerical Control
EDITOR	Kommando "Editor"
EDV	Datenverarbeitungsanlage
ENDE	Kommando "Ende"
EXAPT	Extended Subset of APT, fertigungstechnisch orientierte Programmiersprache
EXAPTA	Kommando "EXAPT-Anweisung eingeben"
FAHRAW	Programmaufruf für Fahranweisungen
FORTRAN	Formula Translation, technisch-naturwissenschaftliche Programmiersprache
GEODEF	Programmaufruf für Geometriedefinitionen
GRDTEC	Programmaufruf für Grundlagentechnologie
INSERT	Kommando "Anweisung einfügen"
KOR	Filename für Teileprogrammkorrekturdatei
MDT	Mittlere Datentechnik
MPST	Mehrprozessorsteuersystem
NC	Numerical Control
PFT	Filename für Processorfehlertexte
PPF	Filename für Postprocessorfehlertabelle
PPFT	Filename für Postprocessorfehlertexte
PRF	Filename für Processorfehlertabelle
PRGTEC	Programmaufruf für Programmtechnik

RETURN	Kommando "Sprung zur Sortierebene"
SBL	Filename für Symboltabelle
SBLIST	Kommando "Symboltabelle auflisten"
TPL	Filename für numeriertes Teileprogramm
TPLIST	Kommando "Anweisung auflisten"
TYP	Filename für Anweisungstypentabelle
VERARB	Programmaufruf für Verarbeitungsanweisungen
ZURSPR	Kommando "Sprung zur Verwaltungsebene"

Dieser Arbeit werden folgende Schreibweisen und Bedeutungen zugrunde gelegt:

Processor	Programme zur Verarbeitung in einer Programmiersprache geschriebener Teileprogramme
Postprocessor	Programme zur Verarbeitung der CLDATA und Anpassung an die numerische Steuerung und NC-Maschine
Mikroprozessor	Baustein des Leit- und Rechenwerkes in einem Mikrorechner

Programmnamen

CLDAT2	Modul zur Ausgabe von CLDATA-Texten
CONTUR	Modul zur Verarbeitung von Konturdefinitionen
CUTVAL	Modul zur Schnittwertermittlung
DAFES	Datenfile-Erstellungssystem
EGINTP	Eingabeunterprogramm zur Interpretation und Überprüfung der Teileprogrammanweisungen
EGSNTX	Eingabeunterprogramm zum Auflösen der Anweisungen
EINGAB	Modul zum Einlesen und zur Kontrolle von Teileprogrammanweisungen
FAHR	Modul zur Aufbereitung von Fahr- und Positionieranweisungen
FARKON	Modul zur Generierung von Verfahrwegen und konturparallelen Schnitten
MAPEX	Karteienverwaltungssystem
MASTER	Hauptprogramm zur Steuerung des Modulaufrufs

MODIOS	Modul-Input-Output-System, Datenbanksystem
MOTION	Modul zum Erzeugen von Bewegungsrecords und zur Auflösung von Fasen
TECEX1	Modul zur Aufbereitung von Anweisungen für die Bohr- und Frästechnologie
TECEX2	Modul zum Einsetzen von Standardwerten und Drehtechnologiedaten
TLPATH	Modul zur Generierung der Werkzeugwege
WARN	Steuerunterprogramm zur Fehlermeldung

Sprachworte / 29 /

ATANGL	Modifikator zur Winkeleingabe
AUXFUN	Hilfsfunktion
BACK	Modifikator für eine Verfahrrichtung zurück
BEGIN	Anfang Konturbeschreibung
BORE	Bearbeitung mit Bohrstange
CARDNO	Ausgabe der Anweisungsnummern
CCLW	Modifikator für Gegenuhrzeigersinn
CDRILL	Zentrieren
CENTER	Mittelpunkt
CIRCLE	Kreis
CLDIST	Sicherheitsabstand
CLW	Modifikator für Uhrzeigersinn
CONT	Konturdrehen
CONTUR	Konturdefinition
COOLNT	Kühlmittel
COSINK	Spitzsenken
CSPEED	Schnittgeschwindigkeit
CUT	Bearbeitungsstellenaufruf
CUTCOM	Fräserradiuskorrektur
CUTTER	Werkzeugmodifikation
CYCLE	Zyklus
DELAY	Verzögerung
DELTA	Modifikator für inkrementale Maße
DIA	Modifikator für eine Gerade, parallel zu X

DRILL	Bohren
FEDRAT	Vorschub
FINI	Teileprogrammende
FROM	Definition des Startpunktes
FWD	Modifikator für eine Verfahrrichtung vorwärts
GO	Verfahren
GOBACK	Verfahren rückwärts
GOCON	Verfahren entlang einer Kontur
GODLTA	Verfahren inkremental
GOFWD	Verfahren vorwärts
GOLFT	Verfahren nach links
GORGT	Verfahren nach rechts
GOTO	Verfahren zu einem Punkt
INDIRP	Verfahren in Richtung eines Punktes
INDIRV	Verfahren in Richtung eines Vektors
INSERT	Einfügen von Steuerbefehlen
INTOF	Modifikator für Schnittpunkt
LFT	Modifikator für eine Verfahrrichtung nach links
LINE	Gerade
MACHIN	Maschinenangabe
MATRIX	Koordinaten-Transformation
MILL	Fräsen
NEWTL	Werkzeugdefinition
OFFSET	Werkzeugpositionierung
OFSTNO	Korrekturschalternummer
OLDZ	Modifikator für die Beibehaltung des Z-Wertes
ON	Modifikator für Einschalten oder Auffahren
OPSKIP	Ausblenden von NC-Sätzen
OPSTOP	wahlweiser Halt
ORIGIN	Ursprungskoordinatensystem
PARLEL	Modifikator für parallele Gerade
PART	Angabe zum Werkstück
PARTNO	Teileprogrammspezifizierung
PATERN	Punktmuster
PERMIN	Modifikator für die Einheit "pro Minute"
PLAN	Modifikator für eine Gerade, parallel zu Y
POINT	Punkt

PPFUN	Postprocessorfunktion
PPRINT	Postprocessorausdruck
RANDOM	Modifikator zur Verkettung von Punktfolgen
RAPID	Eilgang
REAM	Reiben
RGT	Modifikator für eine Verfahrrichtung nach rechts
ROTABL	Tischdrehung
SAFPOS	Sicherheitsposition
SINK	Stirnsenken
SISINK	Spiralsenken
SPINDL	Spindeldrehzahl
STOP	Maschinenhalt
TABCL	tabellierte Stützpunkte einer Kontur
TAP	Gewindebohren
TERMCO	Ende der Konturbeschreibung
THETAR	Modifikator für Winkel-Radius
TLLFT	Werkzeug links von der Fahrebene
TLON	Werkzeug auf der Fahrebene
TLRGT	Werkzeug rechts von Fahrebene
TO	Modifikator für Werkzeuglage vor
TOOLNO	Werkzeugnummer
TRANS	Verschiebung des Werkstückkoordinatensystems
TRASYS	Bezugssystem
WORK	Aufruf der Bearbeitungsdefinition
XLARGE	Modifikator für die Richtung größerer X-Werte
XPAR	Modifikator für eine Gerade parallel zur X-Achse
XSMALL	Modifikator für die Richtung kleinerer X-Werte
YLARGE	Modifikator für die Richtung größerer Y-Werte
YPAR	Modifikator für eine Gerade parallel zur Y-Achse
YSMALL	Modifikator für die Richtung kleinerer Y-Werte
ZSURF	Z-Ebene

1 Einleitung

Die rasche Entwicklung auf dem Gebiet der elektronischen Bauelemente und der damit vollzogene Schritt von der festverdrahteten numerischen Steuerung (NC) zur frei programmierbaren numerischen Steuerung (CNC) und zur Mikroprozessoranwendung brachten einschneidende Verbesserungen für Bedienung und Programmierung von Werkzeugmaschinensteuerungen / 1,2 /. Sowohl in der spanenden als auch in der nicht spanenden Fertigung finden die numerisch gesteuerten Werkzeugmaschinen und Fertigungseinrichtungen immer mehr Anwendung / 3 /.

Richtungsweisend für CAM-Entwicklungen in der Fertigungstechnik sind die Programmiersysteme zur rechnerunterstützten Erstellung von Steuerdaten für NC-Werkzeugmaschinen und -Fertigungseinrichtungen / 4 /. Für die Wirtschaftlichkeit der Nutzung von NC-Maschinen ist die Entwicklung von NC-Programmiersystemen und der Umfang an Funktionen zur Bestimmung geometrischer und technologischer Werte, die gleichzeitig zu kurzen Bearbeitungszeiten führen, von entscheidender Bedeutung.

Bei der Erstellung der Eingabeinformationen für numerische Steuerungen sind unterschiedliche Stufen der Automatisierung und des Rechnereinsatzes vorhanden. In Abhängigkeit vom Leistungsumfang eingesetzter Steuerungen und nutzbarer Programmiermöglichkeiten stehen dem Anwender verschiedene Programmierverfahren und Anlagen für die Programmierung zur Verfügung, um damit den jeweiligen Bedarf der Benutzer decken zu können / 5 /.

Bei steigender Komplexität der Teile und wachsendem Umfang der Programmierarbeit wird die Programmierung meist zentral in der Arbeitsvorbereitung mittels Datenverarbeitungsanlagen (EDV) durchgeführt. Die mit beträchtlichem Aufwand entwickelten Programmiersprachen und Processoren sind leistungsfähig und bieten den wesentlichen Vorteil der weitgehenden Unabhängigkeit von der NC-Maschine. Moderne Entwicklungen berücksichtigen insbesondere die Notwendigkeit, allgemein verwendbare Beschreibungsmöglichkeiten einzusetzen, wie dies zum Beispiel bei den genormten Spracheingaben der zu den APT-Systemen zählenden Programmiersysteme der Fall ist / 6 /. Neben Daten von einfachen und komplexen Werkstückgeometrien können mit einer höheren Sprache für die Formulierung eines Teileprogramms, wie sie zum Beispiel EXAPT darstellt, noch Technologiedaten beschrieben werden / 7 /. Damit läßt sich die Teileprogrammerstellung wesentlich vereinfachen und der Umfang des Teileprogramms kann erheblich verringert werden. Durch diese Merkmale wird die Anwendungsflexibilität erhöht und der Anpassungsaufwand an andere Rechenanlagen und NC-Maschinen reduziert.

Die Programmierung, die in der Arbeitsvorbereitung erfolgt, führt häufig jedoch zu organisatorischen Schwierigkeiten / 8 /. Nach der NC-Datenerstellung in der Arbeitsvorbereitung wird das NC-Programm in der Werkstatt an der Maschine überprüft und ausgetestet und gegebenenfalls geändert. Eine Korrektur und Optimierung des Teileprogramms, das die Quell- oder Ursprungsdaten darstellt, erfordert im allgemeinen einen Informationsrückfluß in die Arbeitsvorbereitung und einen erneuten Rechenlauf. Erst danach kann das geänderte NC-Programm nochmals getestet werden. Dieser Ablauf ist zeitintensiv und kann zu beträchtlichen unproduktiven Test- und Stillstandszeiten der Maschine führen. Diese Schwierigkeiten können durch die maschinennahe Programmierung bzw. den Rückbezug von NC-Daten auf die Quelldaten bewältigt werden.

Die vorliegende Arbeit hat zwei Zielsetzungen: die Möglichkeit der maschinennahen Programmierung mit einem Programmiersystem zu untersuchen und die besonders für die maschinennahe Programmierung aber auch für die Programmierung in der Arbeitsvorbereitung geeigneten Programmerweiterungen zu realisieren.

Bild 1.1 zeigt die Abhängigkeiten der Systemkomponenten und den grundsätzlichen Aufbau eines Systemkonzeptes. Die im Bild gezeigten Dialogmoduln erweitern das Programmier-

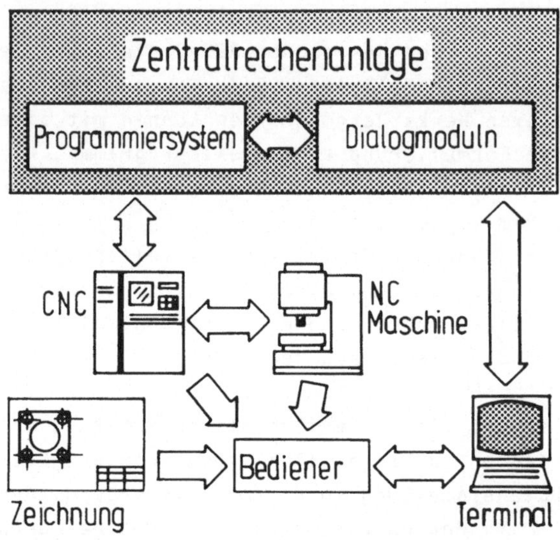

Bild 1.1. Prinzip eines maschinennahen Systemkonzeptes für Teileprogrammerstellung bzw. -korrektur und -optimierung

system zu einer Systemstruktur, die ein werkstattgerechtes NC-Programmiersystem mit einer problemorientierten Sprache darstellt.

Um die Programmierkosten an einem Programmiersystem weiter zu reduzieren, müssen bei der Teileprogrammerstellung die geometrischen und technologischen Daten in einer Programmiersprache vom Benutzer fehlerfrei formuliert und eingegeben sowie beim NC-Programmtest die Teileprogramme durch den Rückbezug von NC-Daten auf Teileprogrammanweisungen einfach korrigiert werden können. Schwerpunkte der Arbeit sind deshalb die Entwicklung von Dialogfunktionen, die eine rechnergeführte Teileprogrammerstellung in einer höheren Programmiersprache an der Maschine erlauben und eine werkstattgerechte Teileprogrammkorrektur nach den Verarbeitungsphasen und beim NC-Programmtest auf der Basis der aktuellen NC-Satznummer ermöglichen.

2 Erarbeitung des Gesamtkonzeptes für ein maschinennahes Programmiersystem

2.1 Allgemeines

Im Rahmen der NC-Technik wird unter der Programmierung die Erstellung der Eingabeinformationen für numerische Steuerungen verstanden. Die Steuerinformationen, die auch als NC-Programm bezeichnet werden, stellen eine Folge von Bearbeitungsschritten für ein bestimmtes Werkstück dar und gliedern sich in NC-Sätze nach DIN 66025 / 9 /. Sie enthalten alle für die Bearbeitung erforderlichen Wegbedingungen, Bewegungen und Maschinenfunktionen und sind mit aufsteigenden NC-Satznummern numeriert.

Seit einigen Jahren haben die Entwicklung der CNC und die Leistungsfähigkeit der Kleinrechner, wie die Rechner der mittleren Datentechnik (MDT) im allgemeinen genannt werden, parallel zur konventionellen zentralen Programmierung in der Arbeitsvorbereitung die dezentrale Programmierung in den Vordergrund gerückt. Deshalb lassen sich die angebotenen Programmierverfahren entsprechend dem Ort ihres möglichen Einsatzes und den Funktionen nach Bild 2.1 gliedern / 10 /.

Die NC-Sätze können vom Programmierer direkt ausgehend von der Werkstattzeichnung und dem Arbeitsplan entsprechend dem Programmierhandbuch der vorgesehenen Steuerung beschrieben werden. In diesem Falle wird das manuelle Programmierverfahren angewandt, das in der Regel durch Tabellen und Tischrechner unterstützt und vorwiegend für Bohr-, wenig komplexe Dreh- und Fräsarbeiten sowie weitere einfache Fertigungsaufgaben eingesetzt wird.

Werden die NC-Sätze mittels einer fertigungstechnisch orientierten Programmiersprache und einem zugehörigen Verarbeitungsprogrammsystem erzeugt, das als Processor bezeichnet wird, muß der Programmierer ein sogenanntes Teileprogramm als Quellenprogramm schreiben. Die Verarbeitung durch den Processor ist maschinenunabhängig und liefert einen CLDATA-Text, dessen sequentielle Sätze entsprechend DIN 66215 / 11 / aufgebaut und

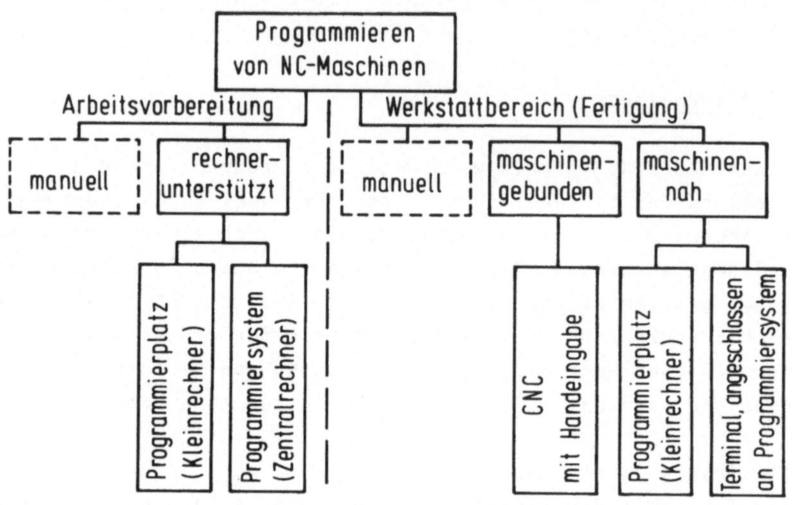

Bild 2.1: Gliederung von Programmierverfahren, nach / 10 /

codiert sind. Um die Steuerinformationen für eine bestimmte NC-Maschine zu erstellen, ist ein Anpassungsprogramm erforderlich, das als Postprocessor bezeichnet wird und die CLDATA-Sätze als Eingabe nutzt. Dieses als rechnerunterstützte Programmierung bezeichnete Verfahren verlangt die Implementierung des Processors und Postprocessors auf geeigneten Datenverarbeitungsanlagen. Dabei wird die Programmierung von der Teilebearbeitung meist örtlich und organisatorisch getrennt und in der Arbeitsvorbereitung durchgeführt. Sie kann jedoch auch im Werkstattbereich erfolgen.

Da moderne CNC über leistungsfähige und umfangreiche Programmierhilfen verfügen, wird auch die maschinengebundene Programmierung an der CNC mit Handeingabe in zunehmendem Maße eingeführt.

In diesem Kapitel werden die vorhandenen Programmierverfahren analysiert und ein Konzept für eine maschinennahe Programmierung mit einem hoch automatisierten Programmiersystem abgeleitet.

2.2 Erarbeiten eines Konzeptes

2.2.1 Analyse der Programmierverfahren

Die Entscheidung für den Einsatz eines Verfahrens richtet sich vor allem nach den betriebsspezifischen Erfordernissen und Gegebenheiten. Die in Bild 2.2 gezeigten Kriterien sind jedoch allgemeingültig und erlauben eine vergleichende Betrachtung der in der Arbeitsvorbereitung und in der Werkstatt angewandten Methoden.

Für Programmierplätze / 12 / sind die verfügbaren Processoren auf die speziellen Spracheingaben ausgelegt, deren Aufbau in vielen Fällen nicht den genormten Regeln entspricht. Kennzeichnend für Programmierplätze ist die Orientierung auf be-

Kriterien \ Verfahren	Programmier-systeme	Programmier-plätze	maschinen-gebunden
Leistungsfähigkeit	sehr hoch	hoch	gering
Rechnerunterstützung	sehr hoch	hoch	gering
Maschinen-unabhängigkeit	ja	zum Teil	nein
Eingabesprache	sehr einfach	einfach	kompliziert
Anfangsinvestition	hoch	mittel	gering
Organisationsaufwand	hoch	mittel	gering
Zeit für Programmierung und Test	relativ kurz	mittel	lang
programmierbare Geometrien	kompliziert und einfach	meist einfach	einfach
Programmierort	Arbeits-vorbereitung	Arbeitsvorb. und Werkstatt	Werkstatt an der Maschine

Bild 2.2: Gegenüberstellung der Programmierverfahren

stimmte Bearbeitungsverfahren, die mit dem gleichen Sprachaufbau nur bedingt den Übergang auf andere Verfahren gestatten / 5 /. Sie verarbeiten im allgemeinen nur einfache, häufig vorkommende Geometrie- und Technologiedaten, erlauben aber eine problemlose Archivierung der NC-Programme. Jedoch sind die Eingabe- und Verarbeitungsmöglichkeiten für komplexe Bearbeitung noch ungeeignet.

Es stehen über 100 angebotene Programmiersysteme für die rechnerstützte Programmierung von NC-Maschinen zur Verfügung / 13/. Entsprechend ihrer allgemein und betriebsspezifisch zu beurteilenden Leistungsfähigkeit sind sie jedoch abgrenzbar und eignen sich damit für verschiedene Benutzeranforderungen.

Das aus einzelnen symbolischen Anweisungen bestehende Teileprogramm in einer problemorientierten Programmiersprache liegt der Denkweise und dem Verständnis des Programmierers näher. Auch Geometrie- und Technologiedaten können dabei einfach programmiert und automatisch verarbeitet werden. Dadurch wird der Programmierer entlastet und die Programmiersicherheit gegen Eingabefehler insbesondere bei komplizierten Werkstücken erhöht.

Schwierigkeiten bereitet die örtliche und organisatorische Trennung in Programmierung und Teilebearbeitung, die häufig bei der Lieferung und Korrektur der Steuerdaten zu Stillstands- und Ausfallzeiten der Maschine führen kann. Um diese Nachteile zu vermeiden und damit die Organisationskosten zu reduzieren, wird oftmals die Programmierung in die Werkstatt verlagert.

Die bei numerischen Steuerungen prinzipiell mögliche Steuerdateneingabe von Hand wurde mit der Einführung der CNC ständig verbessert und ist heute etwa vergleichbar mit einer speziellen Programmiersprache zur vereinfachten Programmierung in der Werkstatt / 15,16,17,18,19 /. Neue CNC-Funktionen dienen primär der Reduzierung der Eingabedatenmenge sowie der Fehlermöglichkeiten und damit der Programmier- sowie der Maschinenstillstandszeit / 5,17,20 /. Die maschinengebundene Programmierung erlauben zwar die vollständige NC-Programmerstellung für einfache Werkstücke sowie die NC-Programmoptimierung direkt am Eingabefeld der Steuerung, sie fordern aber eine erhöhte Qualifikation des Bedieners und vergrößern den Zeitaufwand. Neuere Untersuchungen / 21 / zeigen auch, daß die Werkstattprogrammierung noch nicht die erhoffte Verbreitung gefunden hat. In Bild 2.3 sind statistische Kennzahlen zur Werkstattprogrammierung dargestellt. Obwohl der Anteil der in der Werkstatt programmierbaren NC-Maschinen ca. 31% beträgt,

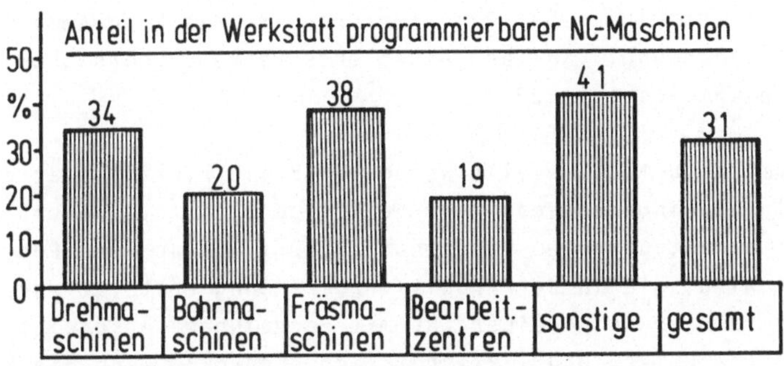

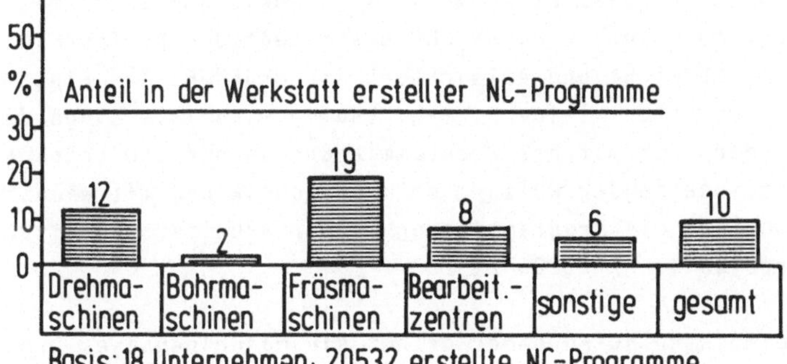

Bild 2.3: Kennzahlen zur Werkstattprogrammierung (Stand 1981), nach / 21 /

wurden nur ca. 10% der Programme in der Werkstatt programmiert. Dafür können als wesentliche Ursachen angeführt werden:

- Ein großer Teil der NC-Programme wurde zu einem Zeitpunkt erstellt, zu dem die Programmierung an der CNC wegen des damaligen Standes der Technik noch nicht möglich war.
- Die Leistungsfähigkeit des Programmierverfahrens ist ungenügend.
- Da sich zudem bisher keine einheitliche Eingabesystematik bei unterschiedlichen Steuerungen herausgebildet hat, erfordert der Übergang auf andere Steuerungen meist auch ein Neuerlernen der Programmiertechnik.
- Organisatorische Nachteile, zum Beispiel die Archivierung und Aktualisierung der Steuerinformationen.
- Für ein maschinennahes Programmieren ist die Programmiervorlage "Zeichnung" vielfach nicht entsprechend übersichtlich und leicht lesbar / 39 /.

Insgesamt kann festgestellt werden, daß die Flexibilität durch CNC mit Handeingabe nicht mehr voll gewährleistet ist und der Komfort der Steuerungen meist nur zur Optimierung von Programmen genutzt wird, die in der Arbeitsvorbereitung erstellt wurden. Die Programmierung an einer CNC mit Handeingabe erscheint deshalb nur dann technisch und wirtschaftlich sinnvoll, wenn die NC-Maschinen oder ein Programmierplatz in der Arbeitsvorbereitung geringfügig ausgelastet werden / 12 / sowie bei Sondermaschinen. Die Programmierung an einer CNC erschließt der NC-Technik neue Anwendungsbereiche und erleichtert insbesondere den Einstieg in diese Technik für kleine Firmen. Häufig wird allerdings der NC-Anwender, der mit der Programmierung an der CNC begonnen hat, mit zunehmender Nutzung der NC-Technik und mit wachsender Erfahrung auf die Programmierung in der Arbeitsvorbereitung übergehen wollen / 22,23 /.

Für die meisten NC-Anwender bringt ein maschinennahes Programmiersystem auf der Basis bisher in der Arbeitsvorbereitung angewandter hoch automatisierter Programmiersysteme technische und organisatorische Vorteile. Es soll deshalb versucht werden, entsprechend den dargelegten Anforderungen an eine werkstattgerechte Programmiermethode und unter Berücksichtigung der Möglichkeiten problemorientierter Programmiersysteme ein erweitertes Konzept zu entwickeln.

2.2.2 Konzept eines maschinennahen Programmiersystems

Die elementaren und wichtigsten Richtlinien bei der Entwicklung eines Konzeptes zur maschinennahen Programmierung in einer höheren Programmiersprache sind:

- Möglichkeiten, Eigenschaften und Leistungsfähigkeit entsprechen den in der Arbeitsvorbereitung eingesetzten Verfahren.
- Organisatorische Vorteile entsprechen der maschinennahen Programmierung unter Nutzung werkstattgerechter Eingabemethoden.

Um diese Anforderungen zu erfüllen, ist lediglich eine räumliche Verlagerung von Personal bzw. Anlagen des Programmierbüros bei weitem nicht genügend. Die entsprechenden Maßnahmen für eine grundlegende Realisierung sind in Bild 2.4 gezeigt.

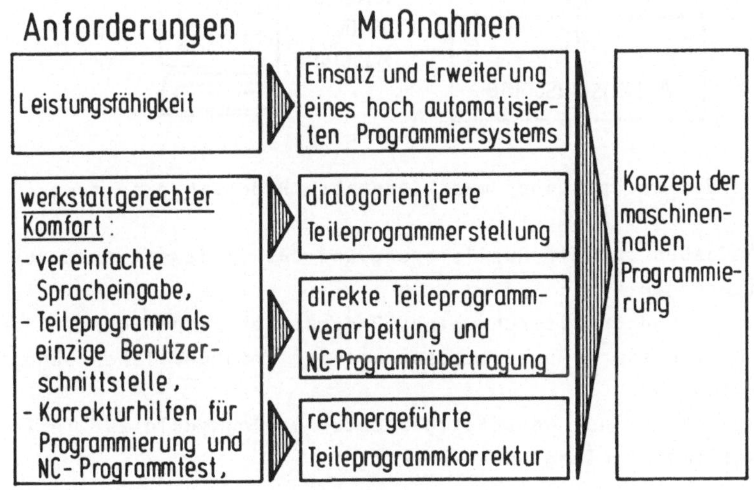

Bild 2.4: Maßnahmen zur Anpassung eines Programmiersystems an die maschinennahe Programmierung

Unter Berücksichtigung der Gliederung des Programmiersystems in einen Processor- und Postprocessorteil ergibt sich für das Konzept der in Bild 2.5 gezeigte prinzipielle Systemaufbau.

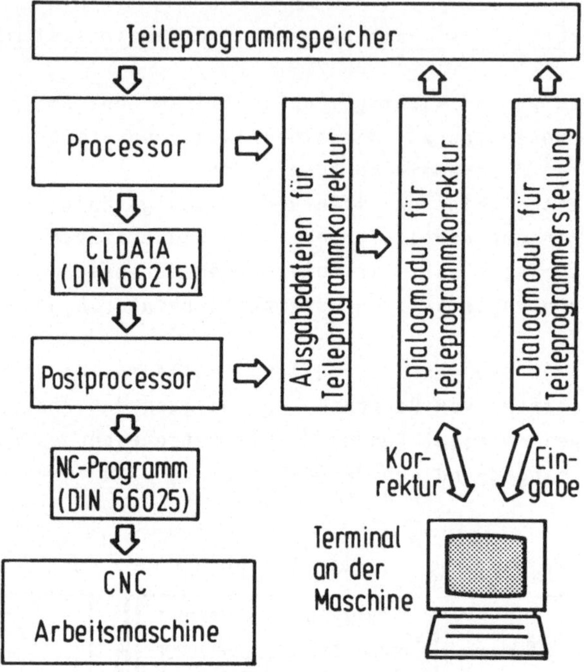

Bild 2.5: Konzept eines maschinennahen Programmiersystems

Die Aufgaben für die Realisierung und das Implementieren der Erweiterungen sind:

- Auswahl und Erweiterung eines Programmiersystems einschließlich Processor, Postprocessor und der erforderlichen Schnittstellen,
- neue Entwicklung werkstattgerechter Dialogmoduln zur Teileprogrammerstellung und -korrektur.

Auf diese Punkte wird in den nachfolgenden Kapiteln im einzelnen eingegangen.

2.3 Basisprogrammiersystem und Informationsverarbeitung

Um dem Anwender eine effiziente Unterstützung bei der maschinennahen Programmierung anbieten zu können, kann nach der Gegenüberstellung der möglichen Programmierverfahren in Bild 2.2 die Auswahl nur unter den Programmiersystemen erfolgen. Hier bieten sich die in / 14 / angeführten Programmiersysteme an, die die 13 wichtigsten, das heißt am häufigsten angewandten Alternativen repräsentieren.

2.3.1 Auswahl eines Basisprogrammiersystems

Neben den in Abschnitt 2.2.1 erwähnten Kriterien für die Auswahl und die Beurteilung eines Programmiersystems sind für Systemerweiterungen noch folgende Eigenschaften zu berücksichtigen:
- Einhaltung genormter Schnittstellen für die Eingabe und Processorausgabe,
- Anwendung einer höheren Programmiersprache, wie zum Beispiel FORTRAN, als Grundsprache,
- erweiterbare Systemstruktur mit definierten Schnittstellen.

Für eine spätere Anwendbarkeit und Verbreitung der Entwicklungsergebnisse sind darüber hinaus die Verbreitung des Basissystems und dessen Programmiermöglichkeiten für verschiedene Bearbeitungsverfahren zu beachten.

Unter den prinzipiell geeigneten Systemen erfüllt insbesondere das standardisierte EXAPT-System / 11,24 / die gestellten Forderungen und wird deshalb als Basisprogrammiersystem herangezogen. Weitere Vorteile, die das EXAPT-System auszeichnen und für den maschinennahen Einsatz hervorheben, sind die automatische Bestimmung der technologischen Daten, wie Arbeitszyklen, Werkzeuge, Schnittwerte und Verfahrwege. Sie reduzieren die Programmierzeit und damit die Programmerstellungskosten und erhöhen die Qualität der Steuerdaten zum Beispiel durch eine geringere Fehlerquote und optimale technologische Daten / 25 /, die zu günstigen Bearbeitungszeiten führen.

Die Möglichkeiten der Rechnerunterstützung sind beim EXAPT-System durch unterschiedliche Systemkonfigurationen vom Benutzer auswählbar / 26 /, so daß von den Entwicklungsergebnissen verschiedene Anwenderbereiche profitieren können. Einen zusätzlichen Vorteil stellt die Verfügbarkeit des EXAPT-Processors auf mehreren Rechenanlagen dar, die Grundlage einer stetigen Anpassung des Gesamtsystems an gerätetechnische Weiterentwicklungen ist.

Für die detaillierte Ausführung einer erweiterten Systemstruktur auf der Basis des EXAPT-Systems sind nachfolgend dessen Aufbau und Schnittstellen zu analysieren. Daraus können Eingriffspunkte und die Nutzung vorhandener Informationen abgeleitet werden.

2.3.2 Aufbau des modularen EXAPT-Systems

Unter dem Begriff "modulares System" oder "Modularsystem" wird der Aufbau des Systems aus einzelnen, in sich selbständigen problembezogenen Programm-Moduln oder Bausteinen verstanden / 26 /. Bild 2.6 zeigt den grundsätzlichen Aufbau des Systems.

Ein Verwaltungsteil MASTER übernimmt den organisatorischen Ablauf der Verarbeitungsphase wie zum Beispiel Aktivierung der einzelnen Moduln in einer zeitlichen Reihenfolge. Die Funktionen des Gesamtsystems werden in einzelne, unabhängige Problemmoduln aufgeteilt, welche die Voraussetzungen für eine gute Überschaubarkeit, Flexibilität und Erweiterbarkeit des Systems bieten. Das Modul-Input-Output-System MODIOS im Bild ist ein modulübergreifendes Datenbanksystem, das den Problemmoduln den Zugriff auf alle logischen Files der temporären Systemdatei gestattet.

Durch einfaches Kombinieren vorhandener Problemmoduln können verschiedene Systemlösungen entsprechend der nachstehenden Sprachteile realisiert werden:

- BASIC-EXAPT: universelles System mit geringer Automatisie-

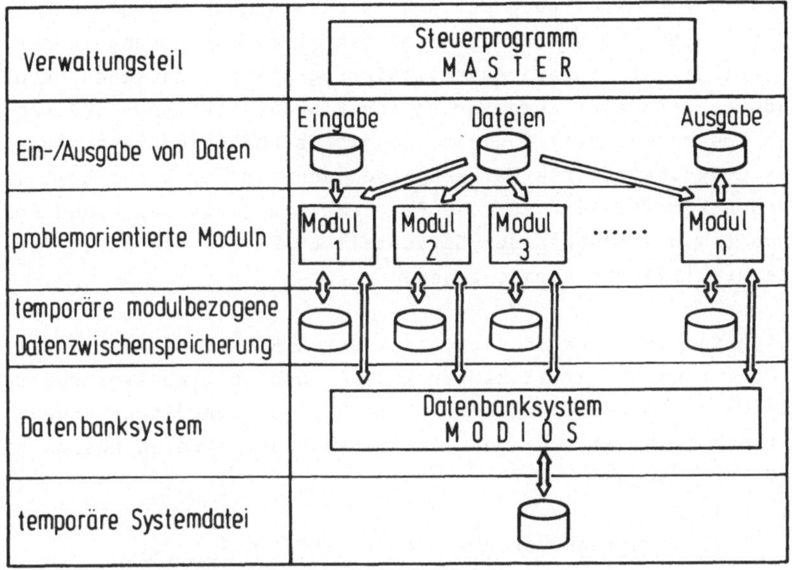

Bild 2.6: Grundsätzlicher Aufbau des Modularsystems, nach /26/

rungsstufe bei der Technologieverarbeitung, die durch die vom Rechner ausführbaren Funktionen bestimmt wird,

- EXAPT 1.1: Programmierung von Bohr- und Fräsarbeiten mit Nutzung von Technologiedateien,
- EXAPT 2: Sprachteil für Dreh- und Bohrbearbeitung auf Drehmaschinen.

Da sich entgegen dem häufig wechselnden Werkstückteilespektrum die Kennwerte der Maschinen, der Bearbeitung, der Werkstoffe und Werkzeuge nicht oder sehr selten ändern, arbeitet das EXAPT-System mit zwei getrennten Formen der Dateneingabe: dem Teileprogramm als werkstückspezifische Informationen und den Dateien, die einmal bei der Einführung des Programmiersystems in eine Firma erstellt werden müssen und dann dem Processor als permanente Dateien zur Verfügung stehen.

Unter Berücksichtigung der Arbeitsbedingungen und der Qualifikation des Benutzers soll bei einer Programmierung in der Werkstatt eine höhere Automatisierungsstufe vorgesehen werden. Dadurch wird eine Reduzierung der Eingabedatenmenge und damit der Programmierzeit möglich. Da die Technologiedateien zudem für unterschiedliche Werkzeugmaschinen zur Verfügung gestellt werden können, wird für die Programmierung von Bohr- und Fräsarbeiten wie erwähnt der Sprachteil EXAPT 1.1 als Basis für die Realisierung herangezogen.

Ausgehend von einer dialogorientierten Programmierung muß ein erweitertes System statt für konventionelle Stapelverarbeitung für einen Time-Sharing-Betrieb im Dialog umgerüstet werden. Auf den sich damit ergebenden Systemablauf wird in Abschnitt 2.4 eingegangen.

2.3.3 Informationsverarbeitung im EXAPT 1.1-System

Wie in Bild 2.5 gezeigt, greift der bei maschinennaher Anwendung erforderliche Dialogmodul für eine Teileprogrammkorrektur auf zu entwickelnde Processor- und Postprocessorschnittstellen zu, die in Kapitel 4 ausführlich erläutert werden. Die Informationsverarbeitung durch den Processor muß deshalb neben den konventionellen Ausgaben des EXAPT 1.1-Processors (CLDATA-Text) noch zusätzliche Möglichkeiten anbieten, um die Anforderungen der maschinennahen Programmierung zu erfüllen und die Schnittstelleninformationen zu generieren. Nachfolgend werden die in Bild 2.7 dargestellten einzelnen Verarbeitungsphasen des EXAPT 1.1-Processors auf Eingriffsmöglichkeiten analysiert, wobei die Informationsverarbeitung in zwei Bereiche zu unterteilen ist: die Dateienerstellung und die Teileprogrammverarbeitung.

Zur Erstellung und Verwaltung der Dateien werden die in Bild 2.7 angeführten beiden Dateienerstellungsprogrammsysteme DAFES / 27 / und MAPEX / 28 / benötigt, auf deren Spezifi-

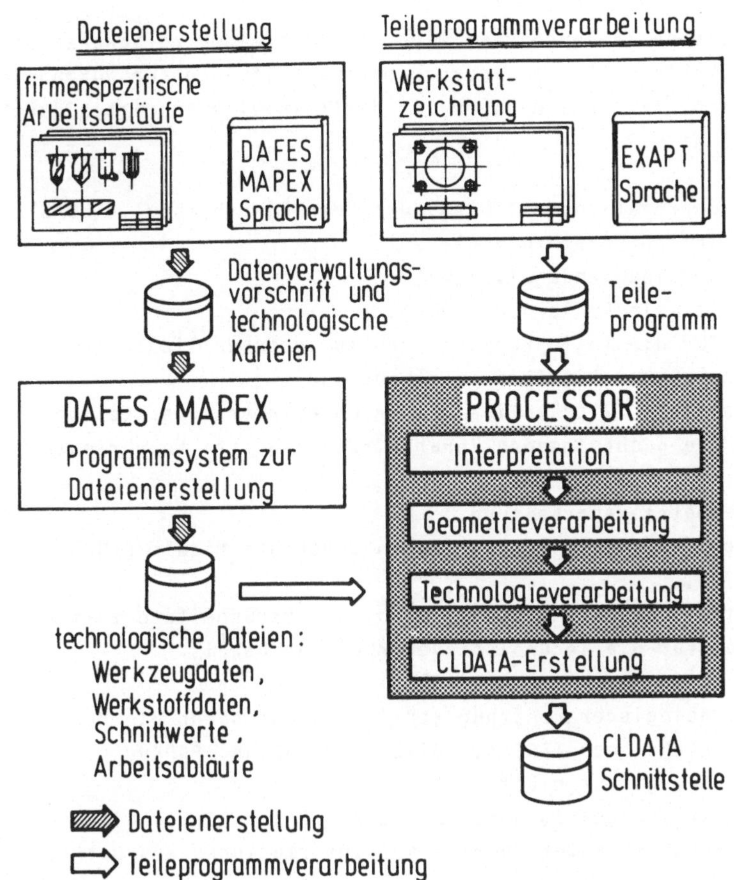

Bild 2.7: Informationsverarbeitung im EXAPT 1.1-System

kation hier nicht weiter eingegangen werden muß. Die Dateiendaten dürfen jedoch nicht vom Dialogmodul für die Teileprogrammkorrektur und damit durch den maschinennahen Zugriff im Verlauf der Teileprogrammverarbeitungsphase geändert werden.

Die Eingabe eines Teileprogramms wird bei der entwickelten Werkstattprogrammierung über ein Bildschirmterminal an der im Time-Sharing Modus betriebenen Rechenanlage ausgeführt. Das über den Dialogmodul, der in Kapitel 3 erläutert wird, eingegebene Teileprogramm wird dabei in einem peripheren Speicher abgelegt. Die Teileprogrammverarbeitung unter Nutzung der gespeicherten Dateiendaten ist damit in vier Schritten durchzuführen:

Im Interpretationsteil wird durch den Eingabemodul EINGAB
- das Teileprogramm eingelesen,
- die Anweisungen analysiert,
- auf formale Fehler überprüft,
- die für die Teileprogrammkorrektur erforderlichen zusätzlichen Schnittstellen aufgebaut und
- sogenannte Zwischenfiles als rechnerinterne Darstellungen für die nachfolgenden Verarbeitungsschritte beschrieben.

Die Geometrieverarbeitung
- löst die Geometriedefinitionen durch die Moduln EINGAB und CONTUR,
- stellt diese elementspezifisch, als verarbeitete Zwischenfiles für die Technologieverarbeitung bereit.

Im Technologieverarbeitungsschritt werden durch die Moduln FAHR, TECEX2 oder TECEX1, MOTION, CUTVAL und FARKON
- Verfahrwege aufgelöst,
- die fertigungsaufgabenspezifischen Daten wie Schnittwerte, Werkzeugwege unter Zugriff auf Informationen aus Dateien berechnet,
- Kollisionsprüfungen und die Werkzeugauswahl durchgeführt.

Die CLDATA-Erstellungsphase bereitet die Verarbeitungsergebnisse normgerecht (DIN 66215) auf. Inhalt und Form der hier aufgebauten CLDATA-Schnittstelle sind standardisiert und bilden die Eingabe für den zum Gesamtsystem gehörenden Postprocessor.

2.4 Struktur des Informationsflusses

Den Informationsfluß bis zur Fertigungsaufnahme auf der Basis eines NC-Programms zeigt Bild 2.8. Der erweiterte Informationsfluß hat auf dem Ablauf der bisherigen Teileprogrammverarbeitung aufzubauen. Einzufügen sind Programmteile im Processor und Postprocessor, die eine Rückführung der Informationen beim Auftreten von Fehlern in den Bereich der Eingabedaten und eine

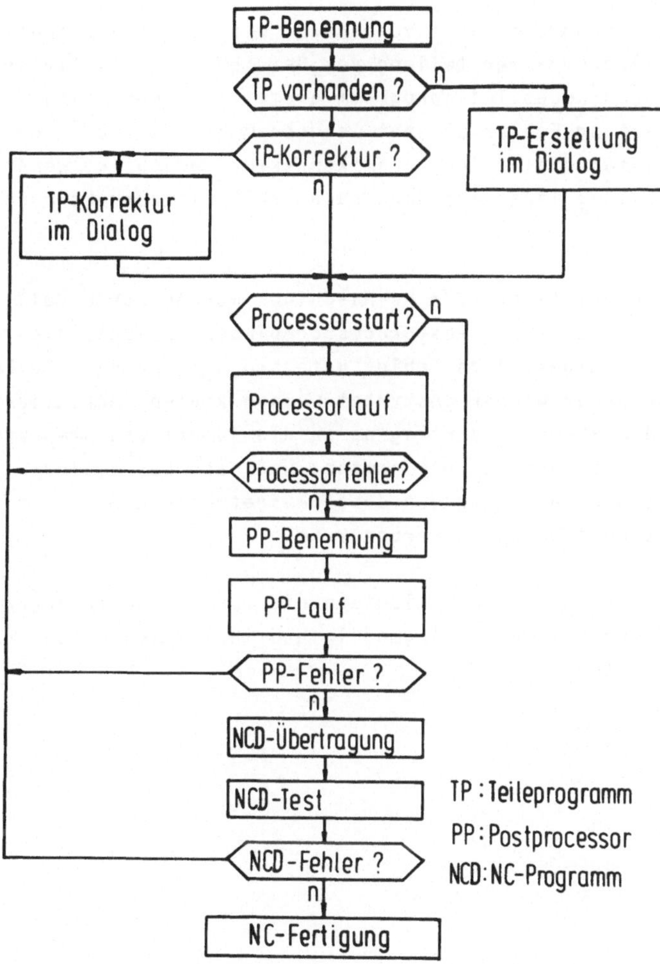

Bild 2.8: Ablauf des Informationsflusses bis zur NC-Fertigung

Erkennung der Fehlerursachen und -auswirkungen ermöglichen. Über ein Betriebssystem werden Aufruf und Ablauf des erweiterten Processors, der möglichen, für einzelne NC-Maschinen spezifischen Postprocessoren und der neu entwickelten Dialogmoduln organisiert.

Ist ein Teileprogramm nicht vorhanden, wird der Dialogmodul für die Teileprogrammerstellung vom Betriebssystem aktiviert. Damit kann ein neues Teileprogramm erstellt werden. Sind bei der Verarbeitung Fehler erkannt worden, müssen sie über den Dialogmodul für die Teileprogrammkorrektur berichtigt werden. Die Verarbeitung läßt sich dann nach der Fehlerkorrektur nochmals starten.

Die Steuerinformationen für NC-Maschinen werden durch vollständige Processor- und Postprocessorabläufe erzeugt, die durch dabei festgestellte Fehler unterbrochen und nach Teileprogrammkorrektur wieder gestartet werden können. Anschließend kann die NC-Datenübertragung an die numerische Steuerung erfolgen, so daß der NC-Programmtest und nach der dialogunterstützten Beseitigung der dabei aufgetretenen Fehler mit der NC-Fertigung begonnen werden kann.

Die nachfolgenden Kapitel erläutern die für den maschinennahen Einsatz erforderlichen Dialogmoduln und ihre Integration in das Gesamtsystem.

3 Dialogorientierte rechnergeführte Teileprogrammerstellung

Bei der vorherrschenden Verarbeitung des Teileprogramms im Stapelbetrieb (Batch Data Processing) können die Anweisungen über Lochkarten eingelesen oder bei entsprechender Gerätekonfiguration über ein Eingabeterminal in einen peripheren Speicher der Anlage geschrieben werden. Korrekturen sind dann zum einen direkt auf den Lochkarten zum anderen mit dem Editor des Betriebssystems der Rechenanlage auszuführen. Diese Methoden sind für den maschinennahen Einsatz ungeeignet, da sie Kenntnisse des Betriebssystems erfordern bzw. der Umgang mit Lochkarten im Werkstattbereich Probleme bereitet. Vom Benutzer wird in beiden Fällen die Kenntnis der Programmiersprache, die eine längere Ausbildungszeit voraussetzt, sowie zur fehlerfreien Anwendung praktische Erfahrung verlangt.

Diese Nachteile lassen sich durch einen speziellen Dialogmodul ausschalten, der für das EXAPT 1.1-Programmiersystem bei maschinennaher Nutzung entwickelt wird und mittels Bedienerführung in Menütechnik eine Teileprogrammerstellung mit geringen Programmierkenntnissen gestattet.

3.1 Anforderungen der Spracheingabe

Ausgaben des Dialogmoduls sind modulintern erzeugte Sprachanweisungen, die für die Verarbeitung bereitgestellt werden. Voraussetzung bei der Entwicklung eines Konzeptes für den Dialogmodul ist die Analyse der Sprachmöglichkeiten des EXAPT 1.1-Processors, die die Anweisungen in verschiedene Bereiche gliedert und das Prinzip des Anweisungsaufbaus grundlegend darstellt.

Aus Bild 3.1 sind die aus der Sprachbeschreibung / 7,29 / abgeleiteten Anweisungsarten zu ersehen, die sich weiter in Anweisungen untergliedern lassen. Die Begriffe und die Gliederung der Anweisungsarten sind der Sprachbeschreibung / 29 / entnommen.

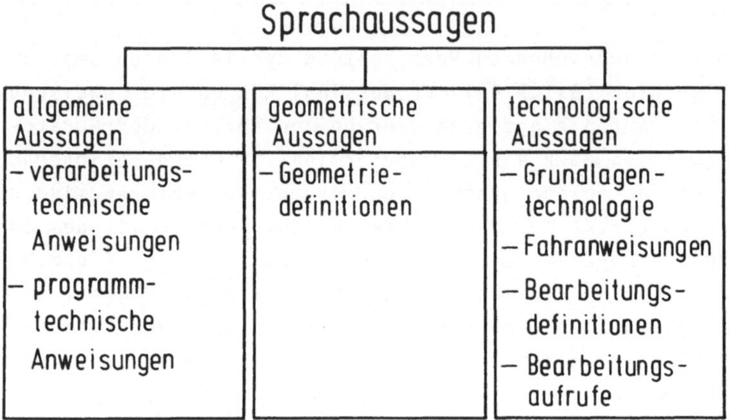

Bild 3.1: Anweisungsarten

Für die Entwicklung des Dialogmoduls sind folgende Forderungen der Spracheingabe an das Systemkonzept zu stellen:

- Alle zur vollständigen Programmierung eines Arbeitsgangs erforderlichen Eingaben und Alternativen müssen durch Menüs angezeigt werden können.
- Die Größe eines Menüs muß auf die Bildschirmgröße eines Standard-Eingabeterminals (12" Bildschirmdiagonale, 24 Zeilen, 80 Zeichen) abgestimmt sein.
- Der Menütext muß klar und eindeutig sein. Um den Speicherplatzbedarf zu reduzieren, werden die Ausgabetexte in Datentabellen abgelegt und möglichst Unterprogramme für Dialogausgaben benutzt.
- Das aufwendige Eintippen von Anweisungen sollte durch ein bedienerfreundliches Verfahren verbessert werden. Die Eingaben können durch Auswahl von Sprachelementen aus einem angezeigten Menü erfolgen, woraus der Dialogmodul selbsttätig eine EXAPT-Anweisung ermittelt.
- Es muß neben dem Eingeben auch das Löschen, Einfügen, Ändern und Speichern von Anweisungen im Dialog möglich sein.
- Für qualifizierte Benutzer muß weiterhin die direkte Eingabe einer Anweisung oder eines Teileprogramms ohne Bedienerführung erfolgen können.

Unter Berücksichtigung der genannten Forderungen kann nun ein Konzept des Dialogmoduls für die Teileprogrammerstellung entwickelt und anschließend realisiert werden.

3.2 Hierarchische Struktur des Dialogmoduls

Die Bedienerführung für die dialogorientierte Teileprogrammerstellung ist durch den Dialogmodul streng hierarchisch organisiert. Dies bedeutet, daß der Benutzer aus angebotenen Alternativen auswählen kann und durch mehrere Ebenen geführt wird, so daß er in der Ausführungsebene auf Fragen des Rechners Informationen für die betreffende Teileprogrammanweisung eingeben kann. Bild 3.2 zeigt die notwendigen Ebenen, in denen Verzweigungen entsprechend dem angebotenen Menü durch Benutzerentscheidungen möglich sind. Die interne Struktur des Dialogmoduls orientiert sich an diesem Aufbau.

Nachstehend werden diese Ebenen erläutert, wobei die Vielzahl der Verzweigungen nach der Verwaltungsebene nur eine exemplarische Darstellung einzelner Fälle zuläßt. Als unterste

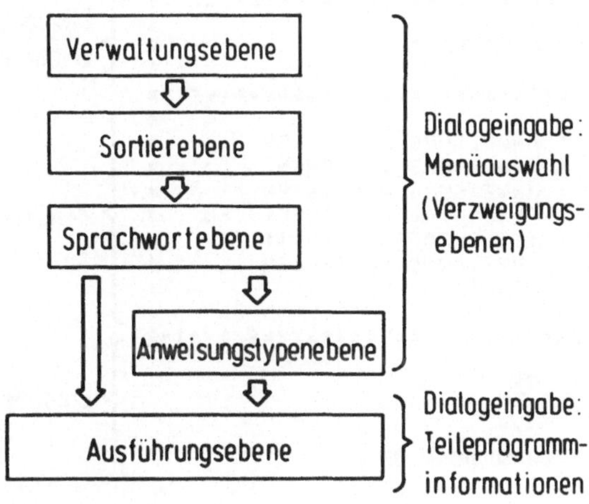

Bild 3.2: Hierarchische Struktur des Dialogmoduls

Stufe steht die Ausführungsebene der Dateneingabe der Anweisungen zur Verfügung.

3.2.1 Verwaltungsebene

In der Verwaltungsebene kann die durchzuführende Systemfunktion ausgewählt werden, die die Eingabe, Anzeige oder Änderung von Anweisungen aktiviert und beendet. Es stehen dafür die in Bild 3.3 dargestellten Systemkommandos zur Verfügung.

Der Aufbau sämtlicher Menüs wurde nach dem aus Bild 3.3 ersichtlichen Schema einheitlich gestaltet, so daß eine einfache Orientierung und Übersicht gewährleistet ist. Die Trennung des Anzeigefeldes in einen Schlüsselwort- und einen Texterläuterungsbereich kommt sowohl dem erfahrenen Benutzer entgegen, dem nach mehrmaliger Dialogmodulnutzung die Schlüsselworte geläufig sind, als auch dem Anwender, der eine klarschriftliche Unterstützung

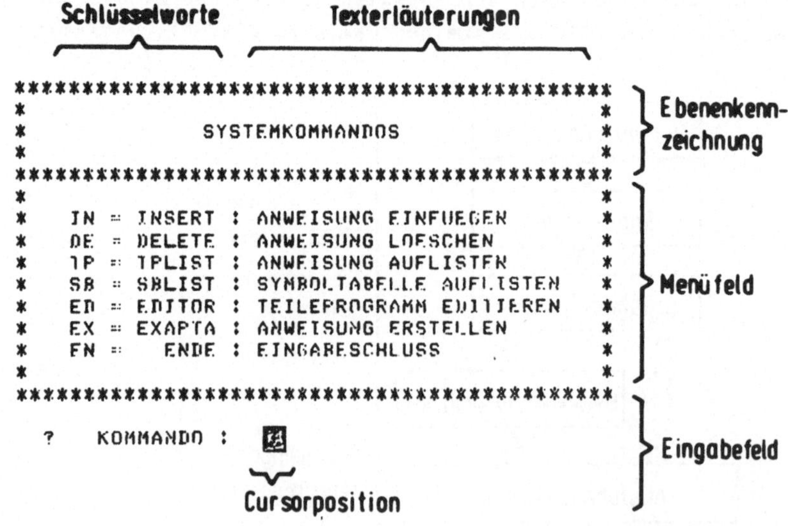

Bild 3.3: Verwaltungsebene und einheitlicher Aufbau sämtlicher Menüs

benötigt. Die Auswahl in den Verzweigungsebenen erfolgt durch die Eingabe des jeweiligen Schlüsselwortes. Dabei wird der Cursor automatisch auf das Eingabefeld hinter dem auffordernden Bildschirmtext, zum Beispiel hier KOMMANDO:, positioniert.

Zur Reduktion der Eingabedatenmenge, die insbesondere bei maschinennaher Programmierung von Interesse ist, wurden die Schlüsselworte so gewählt, daß jeweils die zwei ersten Buchstaben zur Kennzeichnung ausreichend sind. Nach der Auswahl einer Systemfunktion führt der Dialogmodul die entsprechenden Aktionen aus. Bei Eingabe von ENDE wird der Ablauf des Dialogmoduls beendet. Die Systemkommandos INSERT, DELETE und EDITOR ermöglichen es, das Teileprogramm beliebig zu modifizieren. Auf sie wird in Abschnitt 3.3.3 noch näher eingegangen.

Das Systemkommando TPLIST bewirkt die Ausgabe des vorhandenen Teileprogramms auf den Bildschirm. Es erlaubt eine Überprüfung der gesamten, bisher erstellten Anweisungen. Mit dem Kommando SBLIST erhält der Benutzer eine Liste des vom Dialogmodul gespeicherten Symbolregisters, in dem alle eingegebenen Symbole mit einer dazugehörigen Kennung abgelegt sind.

Durch das Kommando EXAPTA wird das eigentliche Erstellungsprogramm für Teileprogrammanweisungen initialisiert und die Sortierebene aktiviert.

3.2.2 Sortierebene

Die in Abschnitt 3.1 abgeleiteten Anweisungsarten werden in der Sortierebene in einem Menü (Bild 3.4) dargestellt. Neben den Arten, die eine Weiterverzweigung der dialogunterstützten Teileprogrammerstellung bewirken, erlaubt der Befehl BELEIN vollständige EXAPT-Anweisungen, das heißt Anweisungstexte, direkt einzutragen. Diese Alternative bietet dem geschulten Benutzer die Möglichkeit, ein Teileprogramm in der gewohnten Weise zu erstellen. Der Rücksprung in die übergeordnete Verwaltungsebene erfolgt durch den Befehl ZURSPR.

```
**************************************************
*                                                *
*              EXAPT-ANWEISUNGEN                 *
*                                                *
**************************************************
*                                                *
*    VE = VERARB : VERARBEITUNGSANWEISUNGEN      *
*    GE = GEODEF : GEOMETRIEDEFINITIONEN         *
*    FA = FAHRAW : FAHRANWEISUNGEN               *
*    GR = GRDTEC : GRUNDLAGENTECHNOLOGIE         *
*    DE = DEFBEA : BEARBEITUNGSDEFINITIONEN      *
*    AU = AUFBEA : BEARBEITUNGSAUFRUFE           *
*    PR = PRGTEC : PROGRAMMTECHNIK               *
*    BE = BELEIN : BELIEBIGE EINGABE             *
*    ZU = ZURSPR : ZURUECK ZU SYSTEMKOMMANDO     *
*                                                *
**************************************************

   ? ANWEISUNGSSORTE :
```

Bild 3.4: Sortierebene

3.2.3 Sprachwortebene

Die in Bild 3.5 beispielhaft angeführten Geometriedefinitionen werden durch den Befehl GEODEF in der Sortierebene aktiviert

```
*******************************************************
*                                                     *
*              GEOMETRIEDEFINITIONEN                  *
*                                                     *
*******************************************************
*                                                     *
* TRA =    TRANS : WERKSTUECKKOORDINATENVERSCHIEBUNG  *
* OR  =   ORIGIN : URSPRUNGSKOORDINATENSYSTEM         *
* ZS  =    ZSURF : Z-EBENE                            *
* TRS =   TRASYS : GELTUNGSBEREICH DES MATRIX-SYSTEMS *
* MX  =   MATRIX : KOORDINATENTRANSFORMATION          *
* P   =    POINT : PUNKTDEFINITION                    *
* L   =     LINE : GERADENDEFINITION                  *
* C   =   CIRCLE : KREISDEFINITION                    *
* PA  =   PATERN : PUNKTFOLGEDEFINITION               *
* CTR =   CONTUR : KONTURDEFINITION                   *
* RTN =   RETURN : RUECKSPRUNG                        *
*                                                     *
*******************************************************

   ? SPRACHWORT :
```

Bild 3.5: Geometriedefinitionen in der Sprachwortebene

und befinden sich in der Sprachwortebene. Jede der einzelnen Anweisungsarten umfaßt ein Menü mit mehreren Sprachworten, die den Hauptteil / 29 / der vom Dialogmodul aufzubauenden Anweisung bilden. Die Sprachwortebenen enthalten sowohl Anweisungen mit Symbolzuweisung, die in der Anweisungstypenebene weiterbearbeitet werden, als auch solche ohne Symbolzuweisung, die direkt zur Ausführungsebene verzweigen.

Als weiteres Beispiel für ein Menü in dieser Dialogstufe zeigt Bild 3.6 die Sprachworte der Grundlagentechnologie/ 29 /, die durch den Befehl GRDTEC in der Sortierebene aufgerufen werden und direkt in die Ausführungsebene überleiten. Ein Befehl RETURN in dieser Ebene bewirkt einen Rücksprung in die Sortierebene. Wie in sämtlichen Menüs wird der Rücksprungbefehl als letzter Befehl in Menüs dieser Ebene aufgelistet.

```
*************************************************************
*                                                           *
*                 GRUNDLAGENTECHNOLOGIE                     *
*                                                           *
*************************************************************
*                                                           *
*  NL  =  NEWTL  : WERKZEUGBESCHREIBUNG                     *
*  TL  = TOOLNO  : WERKZEUGAUFRUF                           *
*  RP  =  RAPID  : EILGANG EINSCHALTEN                      *
*  F   = FEDRAT  : VORSCHUB EINSCHALTEN                     *
*  SL  = SPINDL  : SPINDELDREHZAHL                          *
*  CS  = CSPEED  : SCHNITTGESCHWINDIGKEIT                   *
*  DY  =  DELAY  : VERZOEGERUNGSZEIT                        *
*  CLT = COOLNT  : KUEHLMITTEL                              *
*  PF  =  PPFUN  : POSTPROCESSORFUNKTIONEN                  *
*  AF  = AUXFUN  : HILFSFUNKTIONEN                          *
*  IT  = INSERT  : NC-SAETZE EINFUEGEN                      *
*  OK  = OPSKIP  : AUSBLENDEN VON NC-SAETZEN                *
*  STP =   STOP  : MASCHINENHALT                            *
*  OT  = OPSTOP  : WAHLWEISER MASCHINENHALT                 *
*  COU = COUPLE  : KOPPLUNG VON VORSCHUB UND DREHZAHL       *
*  O   = OFSTNO  : KORREKTURSCHALTER                        *
*  SS  = SAFPOS  : WERKZEUGWECHSELPOSITION                  *
*  RL  = ROTABL  : TISCHDREHUNG                             *
*  RTN = RETURN  : RUECKSPRUNG                              *
*                                                           *
*************************************************************

  ? SPRACHWORT :
```

Bild 3.6: Grundlagentechnologie in der Sprachwortebene

3.2.4 Anweisungstypenebene

Diese Ebene ist nicht für alle sondern nur für die Anweisungsarten der Geometriedefinitionen erforderlich, wobei ein Geometrieelement entsprechend der bekannten Bedingungen durch unterschiedliche Möglichkeiten definiert werden kann. Das Menü für die Punktdefinition ist in Bild 3.7 dargestellt.

In der Anweisungstypenebene werden sämtliche Modifikationsmöglichkeiten eines Hauptwortes im Menü angezeigt, wobei die Auswahl über die Angabe der Typennummer erfolgt. Die durch Kleinschreibung gekennzeichneten Elemente im

```
************************************************************
*                                                          *
*                          POINT                           *
*                                                          *
************************************************************
*                                                          *
*    TYP 1: sp =POINT/x,y[,z]                              *
*    TYP 2: sp =POINT/sp1,DELTA,dx,dy[,dz]                 *
*    TYP 3: sp =POINT/sp1,DELTA,dz                         *
*    TYP 4: sp =POINT/INTOF,line1,line2                    *
*    TYP 5: sp =POINT/mod,INTOF,line,sc                    *
*    TYP 6: sp =POINT/mod,INTOF,sc1,sc2                    *
*    TYP 7: sp =POINT/CENTER,sc                            *
*    TYP 8: sp =POINT/sc,ATANGL,w                          *
*    TYP 9: sp =POINT/sp1,THETAR,w,a                       *
*    TYP10: sp =POINT/COLDZ,]pf,i                          *
*----------------------------------------------------------*
*          line =sl: GERADE DURCH sl DEFINIERT             *
*          line =DIA,d ODER XPAR,y: GERADE PARALLEL ZU X   *
*          line =PLAN,x ODER YPAR,x: GERADE PARALLEL ZU Y  *
*            sp =SYMBOL EINES PUNKTES                      *
*            sl =SYMBOL EINER GERADEN                      *
*            sc =SYMBOL EINES KREISES                      *
*            pf =SYMBOL EINER PUNKTFOLGE                   *
*           mod =XSMALL,XLARGE,YSMALL ODER YLARGE          *
*             w =WINKEL ZUR POSITIVEN X-ACHSE              *
*             a =ABSTAND VON DEFINIERTEM PUNKT             *
*             i =NUMMER DES PUNKTES IN PUNKTFOLGE          *
*                                                          *
************************************************************

 ? GEWUENSCHTE AUSWAHL: TYP
```

Bild 3.7: Punktdefinitionen in der Anweisungstypenebene

Nebenteil / 29 / einer Anweisung sind werkstückabhängige Variable und vom Benutzer in einem weiteren Menü (vgl. Abschnitt 3.2.5) explizit festzulegen. Ihre Bedeutung wird im unteren Teil des Menüs erläutert.

3.2.5 Ausführungsebene und Erstellung einer Anweisung

In der Ausführungsebene als unterster Ebene der hierarchischen Struktur erfolgt die eigentliche Definition von Elementen. Der Erstellungsvorgang für sämtliche Anweisungsmuster ist in Bild 3.8 dargestellt, wobei die Symbolüberprüfung bei An-

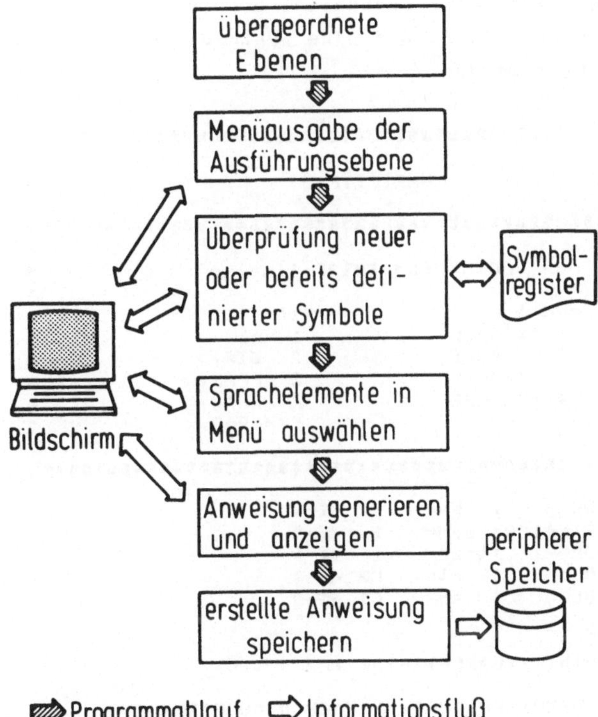

Bild 3.8: Erstellung und Speicherung einer Anweisung in der Ausführungsebene

weisungen ohne Symbolzuweisung entfällt. Diese Überprüfung wird anhand eines Symbolregisters durchgeführt , das vom Dialogmodul erstellt und verwaltet wird. Nach der Eingabe der benötigten Elemente wird rechnerintern die zugehörige Sprachanweisung generiert und auf dem peripheren Speicher abgelegt.

Bild 3.9 zeigt beispielhaft das Menü und die Dialogein- und ausgaben für die Definition eines Punktes. Vom Benutzer sind lediglich die geforderten Variablen einzugeben, so daß im Vergleich mit der generierten Anweisung das Schreiben von Sprachworten vollständig entfällt. Diese Reduktion der einzugebenden Datenmenge beinhaltet auch eine Verringerung möglicher Fehlerquellen. Auf eine Syntaxüberprüfung kann damit verzichtet werden.

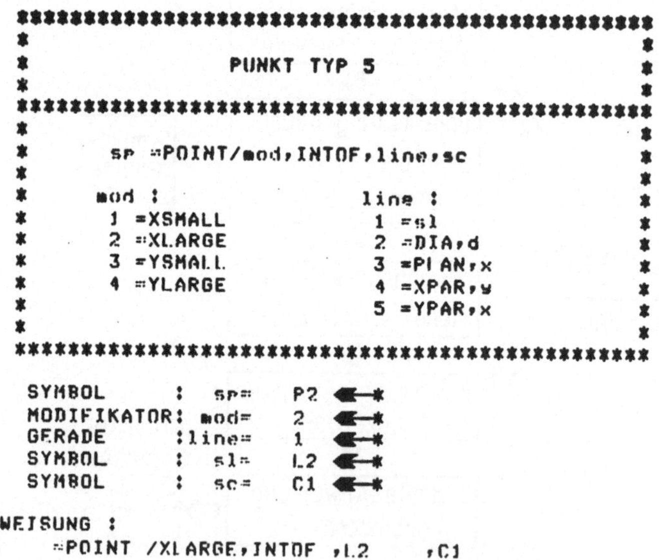

```
PUNKT TYP 5

sp =POINT/mod,INTOF,line,sc

mod :              line :
 1 =XSMALL          1 =sl
 2 =XLARGE          2 =DIA,d
 3 =YSMALL          3 =PLAN,x
 4 =YLARGE          4 =XPAR,y
                    5 =YPAR,x

SYMBOL     :  sp=   P2 ◄—*
MODIFIKATOR: mod=   2  ◄—*
GERADE     :line=   1  ◄—*
SYMBOL     :  sl=   L2 ◄—*
SYMBOL     :  sc=   C1 ◄—*

ANWEISUNG :
P2    =POINT /XLARGE,INTOF ,L2     ,C1

◄—* BENUTZEREINGABEN NACH DIALOGABFRAGEN
```

Bild 3.9: Eine der Punktdefinitionen in der Ausführungsebene und ihr Dialogvorgang

3.3 Programmablauf des Dialogmoduls zur Teileprogrammerstellung

3.3.1 Teileprogrammerstellung im Dialog

In Bild 3.10 ist der Ablauf der Programmierung für eine Teileprogrammerstellung im Dialog dargestellt. Über das Bildschirmterminal erfolgt sowohl die Ablaufsteuerung als auch die Dateneingabe. Ein Eingabevorgang wird in folgende Aktionen gegliedert:

- eine Verzweigung bis zur Ausführungsebene,
- eine Generierung der Anweisung in der Ausführungsebene,
- Sprünge zwischen verschiedenen Ebenen und
- eine Speicherung der erstellten Anweisung.

Zu Beginn sucht der Benutzer ausgehend von der Verwaltungsebene das gewünschte Anweisungsmuster durch eine hierarchische Verzweigung. Sollte beispielsweise eine Punktdefinition erstellt werden, muß sequentiell EXAPTA in der Verwaltungsebene, GEODEF in der Sortierebene, POINT in der Sprachwortebene und ein POINT TYP in der Anweisungstypenebene gewählt werden. Danach wird die Generierung einer Anweisung durchgeführt, wie in Abschnitt 3.2.5 erläutert wurde.

Aus Bild 3.10 ist auch zu ersehen, daß der Programmablauf nach der Speicherung einer erstellten Anweisung zur selben Sprachwortebene zurückspringt. Der Benutzer kann also nacheinander mehrere Anweisungen in einer Sprachwortebene erstellen, ohne daß ein Rücksprung in die übergeordnete Ebene erfolgt. Ein Sprung zwischen verschiedenen Sprachwortebenen muß jedoch über die Sortierebene durchgeführt werden.

Die erstellte Anweisung wird sequentiell auf den peripheren Speicher geschrieben. Er enthält deshalb alle bereits generierten Anweisungen und somit das aktuell gültige Teileprogramm, das der Benutzer zu jeder Zeit mit entsprechenden Systemkommandos ausgeben oder ändern kann. Dafür muß durch

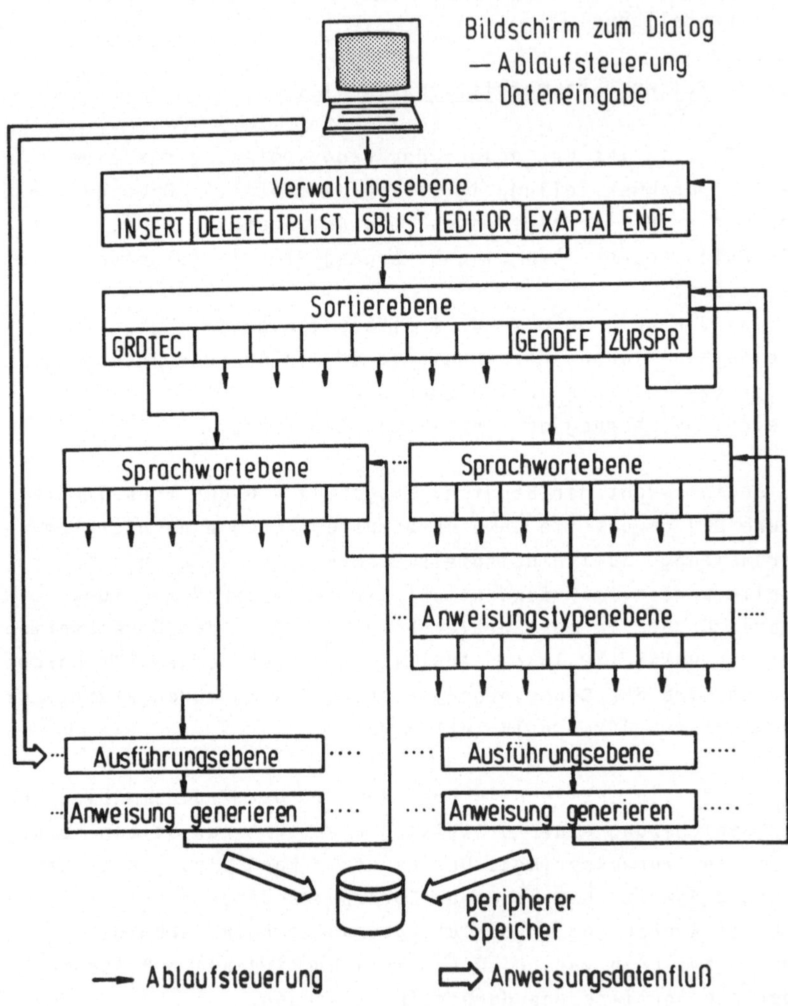

Bild 3.10: Teileprogrammerstellung im Dialog

Rücksprungbefehle die übergeordnete Verwaltungsebene erreicht werden.

3.3.2 Symbolüberprüfung

Neben Sprachworten, die in der Programmiersprache fest vereinbarte Bedeutung haben, dürfen vom Benutzer frei gewählte Symbole verwendet werden, um einem zu definierenden Sachverhalt einen Namen zu geben, unter dem dieser in weiteren Anweisungen des Teileprogramms aufgerufen werden kann.

Bei der Teileprogrammerstellung muß das Symbolregister gelesen bzw. beschrieben werden, wenn ein Symbol erkannt wird. Zur Symbolüberprüfung werden die folgenden Kriterien für die Richtigkeit betrachtet:

- Ein Symbol besteht aus bis zu sechs Zeichen, wobei das erste Zeichen stets ein Buchstabe ist.
- Ein neu definiertes Symbol darf vorher nicht vorhanden sein. Nach der Oberprüfung muß der Symbolname mit einer bestimmten Kennung ins Symbolregister eingetragen werden, die auf das Hauptwort der Definition hindeutet.
- Ein im Nebenteil auftretendes Symbol muß bereits definiert und im Symbolregister vorhanden sein. Außer dem Symbolnamen muß die Kennung übereinstimmen.

Bild 3.11 zeigt die erforderliche Symbolprüfung für beide Fälle. Bei Fehlermeldungen besteht die Möglichkeit, das richtige Symbol neu einzugeben oder den laufenden Eingabevorgang durch ein vorgesehenes Sondersymbol zu unterbrechen. Bei Änderung von Anweisungen können auch auf diese Weise Symbole im Register gelöscht oder eingefügt werden.

Als ein temporäres Symbolregister wird sein Inhalt nach Beendigung der Eingabe gelöscht. Konnte ein Teileprogramm während einer Sitzung am Bildschirm nicht fertig erstellt werden, wird das Symbolregister in den peripheren Speicher geschrieben, damit eine Fortsetzung der Teileprogrammerstellung ermöglicht werden kann.

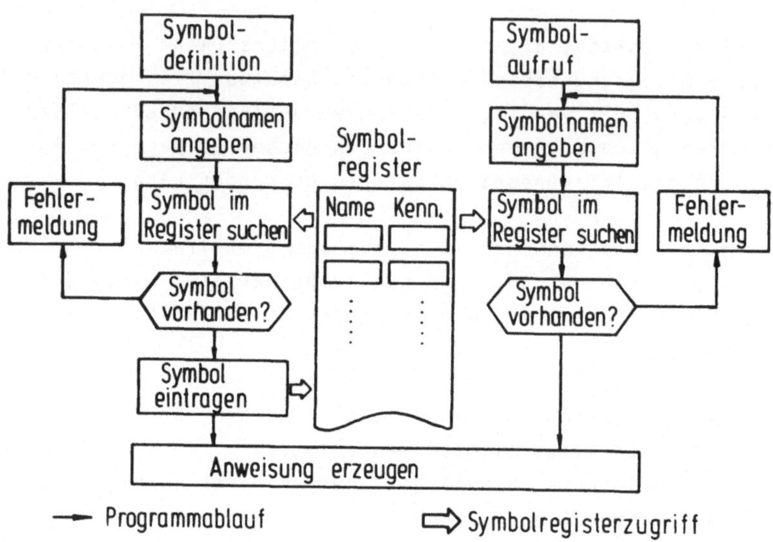

Bild 3.11 Symbolüberprüfung

3.3.3 Teileprogrammänderung bei der Eingabe

Das vollständig oder teilweise erstellte Teileprogramm kann durch die in der Verwaltungsebene vorgesehenen Systemkommandos wieder angesprochen und durch Einfügen, Löschen und Editieren von Anweisungen modifiziert werden. Für die Ausgabe des Teileprogramms und des Symbolregisters stehen die Systemkommandos TPLIST und SBLIST zur Verfügung, die in Abschnitt 3.2.1 erläutert wurden. Hier wird nur noch auf die Systemfunktionen INSERT, DELETE und EDITOR eingegangen.

Das Kommando INSERT ermöglicht dem Benutzer, an einer beliebigen Stelle, zum Beispiel nach "Anw. n" in Bild 3.12, im Teileprogramm eine oder mehrere Anweisungen einzufügen. Zur Verdeutlichung ist in Bild 3.12 beispielsweise der Ablauf des Einfügens dargestellt. Zunächst werden die Anweisungen bis

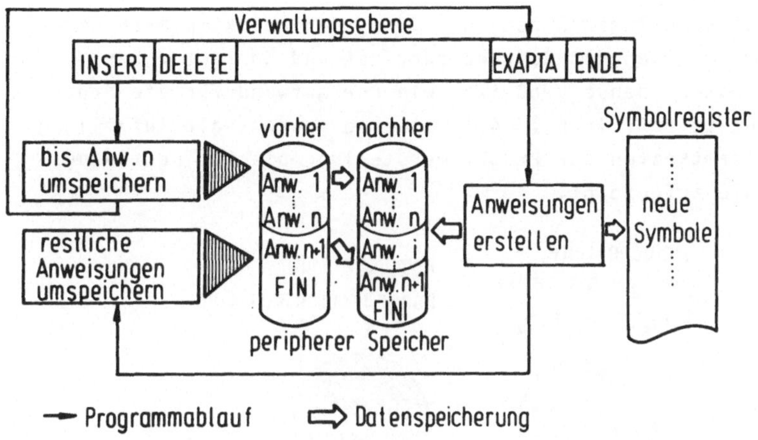

Bild 3.12: Einfügen der Anweisungen

"Anw. n" und nach der Eingabe der neuen Anweisungen die restlichen Anweisungen umgespeichert. Dabei wird im Symbolregister berücksichtigt, ob es sich bei der einzufügenden Anweisung bzw. den Anweisungen um solche mit Symbolzuweisung handelt. Dementsprechend werden Symbole auch ins Symbolregister eingefügt.

Der Ablauf des DELETE-Modus ähnelt dem Vorgang des Einfügens. Dabei können an einer bestimmten Stelle im Teileprogramm eine oder mehrere aufeinanderfolgende Anweisungen gelöscht werden. Wenn es sich bei den gelöschten Anweisungen um solche mit Symbolen handelt, ist das Symbolregister gleichfalls zu ändern.

Die Systemfunktion EDITOR dient zur Änderung des Teileprogramms nach der Erstellung oder im BELEIN-Modus, bei dem kein Symbolregister vorhanden ist. Dafür steht ein eigenes Editorprogramm zur Verfügung.

4 Maschinennahe Korrektur des Teileprogramms

Statistische Angaben zeigen / 30 /, daß bei komplexen Werkstückgeometrien der Aufwand für Test und Korrektur der NC-Steuerdaten ebenso groß ist, wie der Aufwand für die Programmierung selbst. In Bild 4.1 ist eine prozentuale Aufteilung der Gesamtkosten der Programmerstellung bis zur Fertigungsaufnahme aufgezeigt.

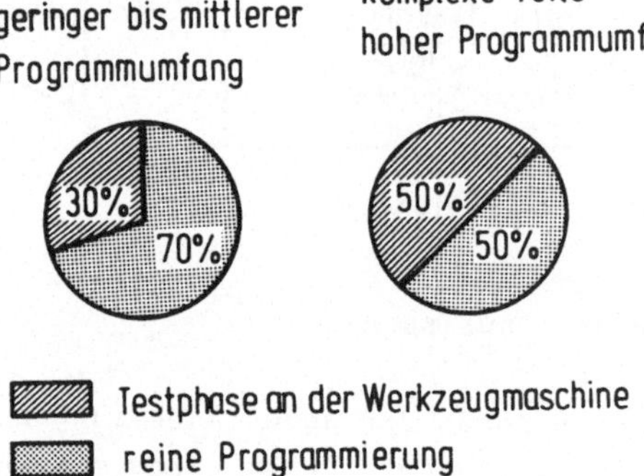

Bild 4.1: Prozentuale Aufteilung der Gesamtkosten der Programmerstellung bis zur Fertigungsaufnahme / 30 /

Es ist ersichtlich, daß die Verkürzung der Zeit für Test und Korrektur eines NC-Programms von großer Bedeutung ist. Den Vorteilen einer Korrektur auf der Teileprogrammebene wie

- aktualisierter Quelldatenbestand,
- Nutzung von Programmiersystemvorteilen

stand bisher als Hemmnis der erforderliche, mit Zeitverlusten verbundene Informationsrückfluß von der Werkstatt in die Arbeitsvorbereitung entgegen. Es ist deshalb eine Systemstruktur zu entwickeln und zu realisieren, die eine direkte Korrektur des Teileprogramms in der Werkstatt mit schneller Verfügbarkeit des NC-Programms gestattet.

Der Begriff der Korrektur soll hier für den Bereich der NC-Technik die Behebung von fehlerhaften Vorgängen bei der Bearbeitung eines Teils aufgrund der Informationen des NC-Programms umfassen, auf deren kausale Zusammenhänge und Entstehungsgeschichte noch eingegangen wird. Unter Fehler sollen hier deshalb nicht nur grobe Fehler wie zum Beispiel Kollisionen, falsche Werkzeuge usw. sondern auch nicht optimierte Daten wie ungünstige Vorschübe oder Drehzahlen verstanden werden.

Die Fehler, die durch Verarbeitungsprogramme, Überprüfungsgeräte und NC-Programmtest festgestellt werden, können durch eine fehlerhafte Dateneingabe, mangelhafte Anwendung der Technologiedateien oder den zufälligen Fehler der Datenverarbeitungsanlage verursacht werden. Eine Übersicht über die Fehlerentstehung und die Fehlerbehebung ist in Bild 4.2 dar-

Bild 4.2: Übersicht über die Fehlerentstehung und die Fehlerbehebung

gestellt. Die im Bild gezeigten Fehlerarten sind nach der Erkennung durch Korrekturmaßnahmen zu beheben, um die Richtigkeit, die richtige Koordinierung und die Optimierung des endgültigen Programms zu gewährleisten. Beim bisher üblichen Korrekturprozeß werden erkennbare Fehler des Teileprogramms in der Arbeitsvorbereitung verbessert. Fehler, die erst beim Test des NC-Programms auf der Maschine auftreten, werden nach Möglichkeit im NC-Programm korrigiert. Die im folgenden dargestellten Weiterentwicklungen gestatten eine problemlose Korrektur ausschließlich im Teileprogramm. Dazu werden neue Möglichkeiten geschaffen, die einen direkten und rechnerintern durchführbaren Rückbezug vom aktuellen NC-Satz zur bzw. zu den generierenden Teileprogrammanweisungen erlauben.

Aufgrund noch aufzuzeigender Verflechtungen der Anweisungen des symbolischen Teileprogramms in einer problemorientierten Programmiersprache müssen Auswirkungen einzelner Korrekturmaßnahmen beachtet und durch rechnerinterne Reaktionen berücksichtigt werden. Für diese Aufgaben sind dialogorientierte Formen der Bedienerführung zu erarbeiten.

4.1 Entwicklung einer erweiterten Systemstruktur

Eine erweiterte Systemstruktur muß sich möglichst an dem gegebenen Processorablauf orientieren und an zugänglichen Verarbeitungsstellen des Processors weitere Informationen aufbereiten und abspeichern. Der Gehalt dieser Informationen läßt sich aus der Analyse des manuellen Korrekturvorgangs ableiten.

4.1.1 Möglichkeiten zur Durchführung von Korrekturmaßnahmen

Die konventionelle Ausführung von Korrekturen weist zwei Alternativen auf.

Die in Bild 4.3 gezeigte Möglichkeit arbeitet ausschließlich auf der Ebene des Teileprogramms. Charakteristisch ist der von oben nach unten gerichtete Informationsfluß bei der Ver-

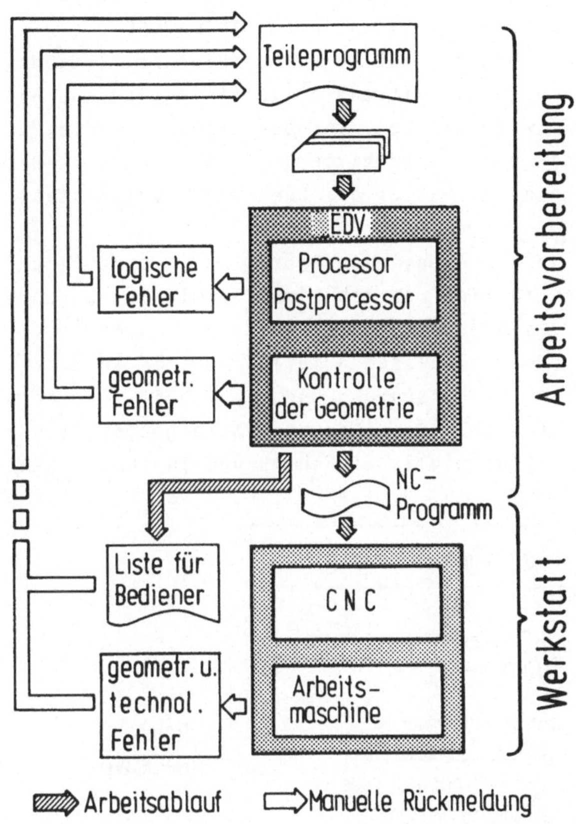

Bild 4.3: Manuelle Korrektur des Teileprogramms

arbeitung des Teileprogramms und der entgegengesetzte Informationsfluß manueller Fehler- bzw. Optimierungsrückmeldungen. Die Korrektur des NC-Programms erfolgt in der Arbeitsvorbereitung durch eine abermalige Überarbeitung des Teileprogramms. Dem Vorteil eines stets aktuellen Teileprogramms steht der durch die örtliche und organisatorische Trennung verursachte Zeitverlust bis zur Verfügbarkeit eines neuen NC-Programms gegenüber.

Bei der in Bild 4.4 dargestellten Alternative wird unter Nutzung der Möglichkeiten einer komfortablen CNC das NC-Programm korrigiert. Obwohl eine kurze Maschinenstillstandszeit erreicht werden kann, bereitet die Identifikation und Behebung eines Fehlers Schwierigkeiten. Darüber hinaus ist die Handhabung der NC-Daten und die Archivierung problematisch. Dabei findet jedoch keine Korrektur der Quellanweisungen statt.

Es ist deshalb anzustreben, eine Korrektur in symbolischer Sprache über den on-line Betrieb eines Terminals ausführen zu können / 30 /. Das bedeutet, eine Lösung zu realisieren, welche die Korrekturen des symbolischen Teileprogramms an der Maschine gemäß der Anzeige der Steuerung und dem Arbeitsfortschritt der Maschine gestattet. Diese Lösung muß so gestaltet werden, daß Korrekturen aller möglichen Fehler und in sämtlichen Pha-

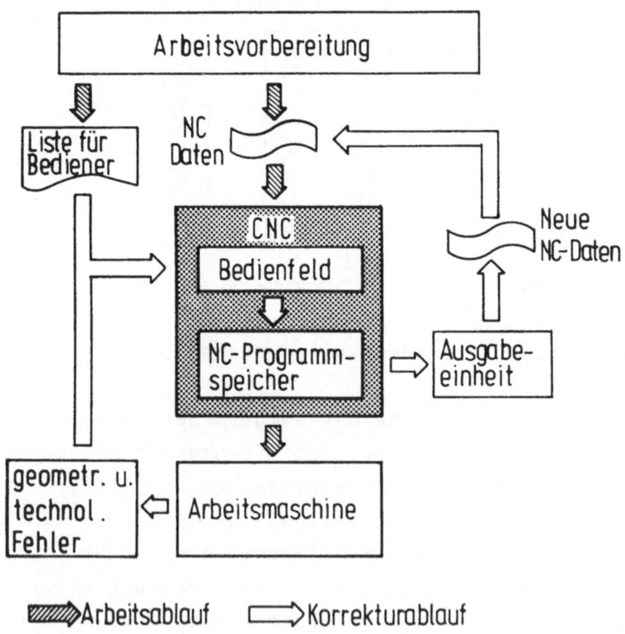

Bild 4.4: Korrektur des NC-Programms an der CNC

sen des Arbeitsablaufs in der Werkstatt über einen Bildschirm durchführbar sind.

Bild 4.5 zeigt die Struktur des erweiterten Systems mit einer Teileprogrammkorrektur in der Werkstatt. Ein Dialogmodul für die Teileprogrammkorrektur verbindet das Programmiersystem mit einem Bildschirmterminal an der Maschine. Wie beim konventionellen Ablauf wird das NC-Programm für die CNC durch den Processor und Postprocessor produziert und gegebenenfalls in die CNC übertragen. Im Unterschied zum konventionellen Ablauf wird durch den Dialogmodul eine rechnerinterne Rückmeldung ermöglicht. Die im Bild gezeigten Ausgagedateien, auf die in Abschnitt 4.2 und 4.3 noch näher eingegangen wird, beinhalten die vom Dialogmodul geforderten Informationen. Der Ablauf der dialogorientierten Teileprogrammkorrektur wird in Abschnitt 4.1.2 anhand Bild 4.6 erläutert.

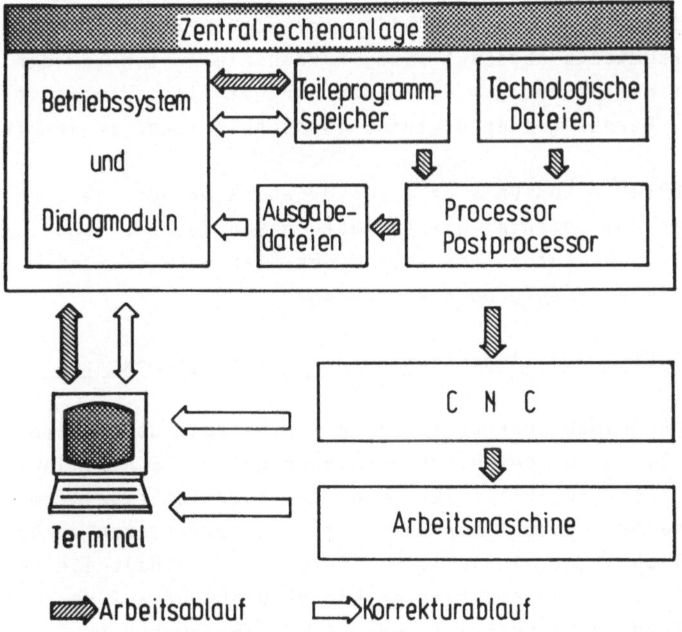

Bild 4.5: Direkte Teileprogrammkorrektur in der Werkstatt

Der hier vorgestellte Ablauf einer Teileprogrammkorrektur bietet im Vergleich zu den obengenannten Alternativen folgende Vorteile:

- Es stehen alle Möglichkeiten der leistungsfähigen Programmiersprache offen.
- Das Teileprogramm ist maschinenunabhängig. Die Flexibilität bei der NC-Fertigung wird erhöht.
- Eine hohe Automatisierungsstufe bei der Technologieverarbeitung durch Dateienunterstützung vereinfacht die Teileprogrammerstellung und verkürzt die Programmierzeit.
- Das Teileprogramm stellt die einzige Benutzerschnittstelle dar. Es repräsentiert immer den aktuellen Stand.
- Die Erfahrungen aus der Werkstatt können durch die Programmierung in der Werkstatt in weitere neu erstellte Teileprogramme einfließen.
- Weil die Programmierung in einer höheren Programmiersprache die Fehler des NC-Programms reduziert und bei der Teileprogrammkorrektur direkt an der Maschine die örtliche und organisatorische Trennung der Teileprogrammerstellung und des NC-Programmtests abgebaut wird, werden die Zeiten für den NC-Programmtest und damit die Maschinenstillstandszeit verringert. Ferner können Organisationsschwierigkeiten vermieden werden.

Weitere Vorteile können sich durch organisatorische Verbesserungen, wie zum Beispiel die Auslastung von Rechenanlagen, ergeben. Auf den Aufbau und Ablauf des hier entwickelten Konzeptes wird im folgenden eingegangen.

4.1.2 Ablauf der dialogorientierten Teileprogrammkorrektur

Die Teileprogrammkorrektur ist eine Fortsetzung der Teileprogrammerstellung und der NC-Programmüberprüfung. Ein vollautomatischer Korrekturablauf ist wegen der Kompliziertheit des Teileprogramms und der Komplexität der Fehlerfaktoren unmöglich und auch nicht sinnvoll. Es bietet sich deshalb ein rechnergeführter, dialogorientierter Korrekturablauf auf der Basis einzelner, noch aufzuzeigender Benutzereingaben für das im letzten Abschnitt aufgestellte Konzept einer Teileprogrammkorrektur an, wie es in Bild 4.6 gezeigt wird.

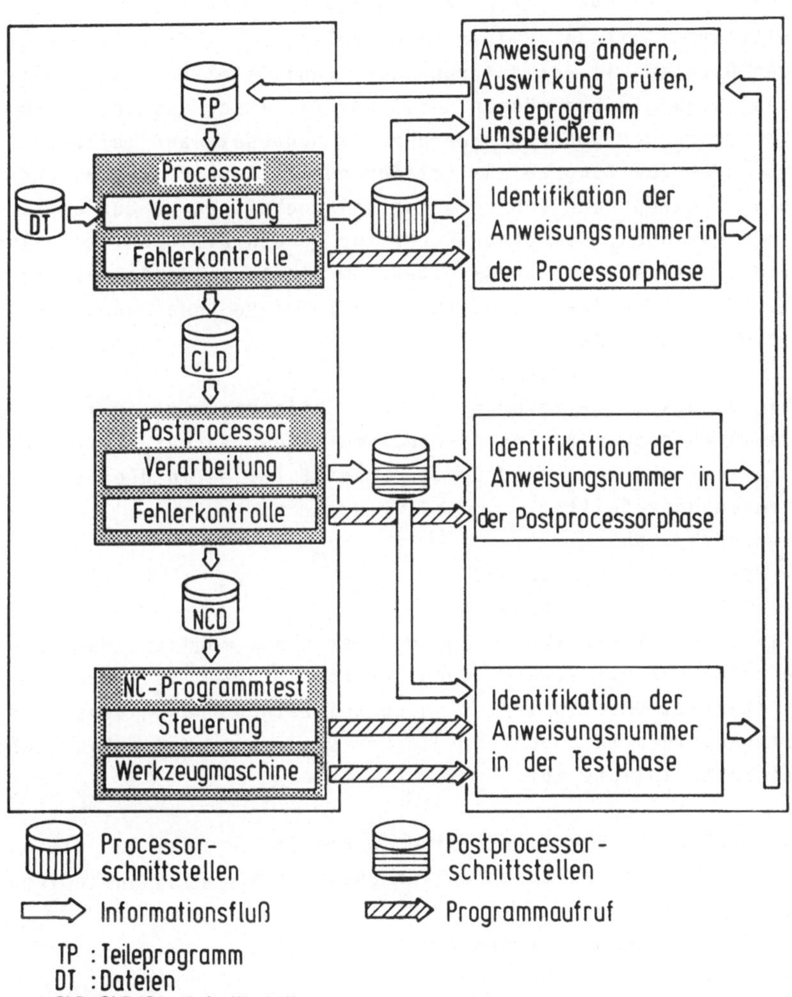

Bild 4.6: Dialogorientierter Teileprogrammkorrekturablauf

Im Bild ist ersichtlich, daß alle Systemfunktionen in drei Bereiche aufgeteilt werden. Links im Bild läßt sich von oben nach unten ein konventioneller Verarbeitungsablauf erkennen. Die zusätzlichen Ausgabedateien sind als Schnittstelle im mittleren Teil des Bildes dargestellt. Die Informationen in den Dateien als Realisierung der Schnittstellen sind anweisungsabhängig und müssen teils vom Processor und teils vom Postprocessor generiert werden. Im Gegensatz zur Teileprogrammverarbeitung beinhaltet der rechte Bereich des Bildes eine Rückkopplung von berechneten Ergebnissen zu den Eingangsinformationen. Bei einer Korrektur werden die Schnittstellen wieder gelesen und verarbeitet, um die kausalen Anweisungen zu finden und ihre Auswirkungen auf andere Anweisungen bestimmen zu können.

Die dargestellte Verarbeitung vom Teileprogramm bis zum getesteten einwandfreien NC-Programm an der Maschine wird durch die Verfügbarkeit eindeutiger Schnittstellen in drei explizite Phasen unterteilt:
- Processorphase,
- Postprocessorphase und
- NC-Programmtestphase.

Eine Fehlerkorrektur ist nach jeder Phase möglich, danach wird eine abermalige Verarbeitung des korrigierten Teileprogramms gestartet. Deshalb treten in den einzelnen Phasen verschiedene Eingangsinformationen für die Korrektur und unterschiedliche Korrekturabläufe auf.

Die folgenden Funktionen sind in den Dialogmodul für die Ausführung der Korrekturen entsprechend diesen Eingangsbedingungen zu implementieren:
- Editieren der Teileprogrammanweisungen,
- Korrigieren von Fehlern nach der Processorphase,
- Korrigieren von Fehlern nach der Postprocessorphase,
- Korrigieren und Optimieren der geometrischen und technologischen Daten beim NC-Programmtest und Bearbeiten des ersten Werkstückes.

Im Hinblick auf eine eindeutige Gliederung der Programmteile lassen sich die Aufgaben für sämtliche Funktionen des Korrektursystems in folgende Phasen verteilen:

- Generierung der Informationen für die Schnittstellendateien,
- Identifikation der zu korrigierenden Anweisungsnummer,
- Korrektur der fehlerhaften Anweisung,
- Bestimmung der Auswirkungen einer korrigierten Anweisung auf andere betroffene Teileprogrammanweisungen.

Die gleichlautende Aufgabe für eine Korrektur in jeder Phase ist, anhand gegebener Fehlerindikationen eine fehlerhafte Anweisungsnummer im Teileprogramm zu ermitteln und die Auswirkungen auf andere Anweisungen nach der Korrektur zu überprüfen. Die eigentliche Korrektur und ihre Auswirkungen sind für jeden Anweisungstyp spezifisch.

In den nachfolgenden Abschnitten werden die einzelnen Phasen erläutert.

4.2 Generierung der Dateien durch den Processor

Während des Processorablaufs werden eine Reihe von korrekturspezifischen Dateien aufgebaut, die in Bild 4.7 gezeigt sind. Als Schnittstellen zwischen Verarbeitungs- und Korrekturteil sind sie durch die Erweiterung des vorhandenen Processors ergänzend zu implementieren

Im einzelnen treten folgende Schnittstellen auf:

- Die Datei TPL enthält alle numerierten Anweisungen des Teileprogramms, auf das der Dialogmodul zugreifen kann.
- In die Symboltabelle SBL werden sämtliche Symbole bei ihrer Definition und ihrer Anwendung eingetragen.
- Die Anweisungstypentabelle TYP speichert die Codeinteger, die den rechnerinternen Zahlencode für Sprachworte darstellen, und die im Processor vereinbarten Typennummern

der einzelnen Anweisungen.

- Die Processorfehlertabelle PRF umfaßt alle von den Processormoduln gemeldeten Fehler.

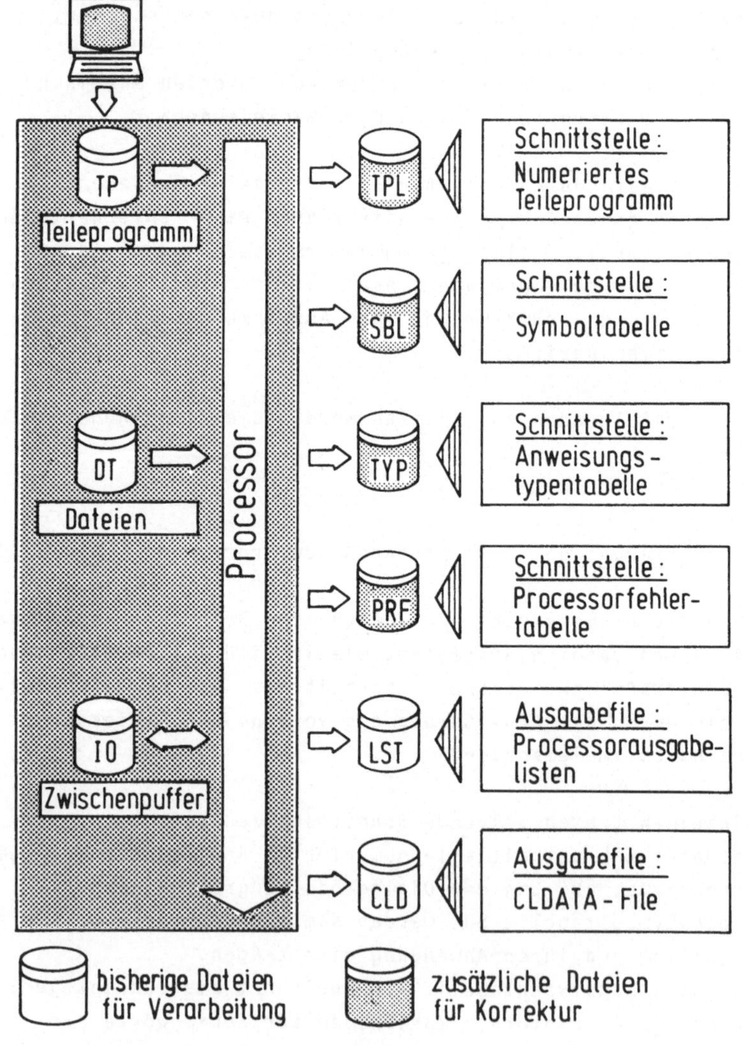

Bild 4.7: Schnittstellen des Processors

Inhalt und Aufbau der Dateien sowie die Processoreingriffsstellen sind den folgenden Abschnitten zu entnehmen.

4.2.1 Numeriertes Teileprogramm TPL

Das über ein Bildschirmterminal im Dialog eingegebene Teileprogramm wird beim Processorlauf vom Eingabemodul EINGAB eingelesen und anschließend numeriert. Die hier den Anweisungen zugeordneten Nummern werden in den weiteren Processormoduln benutzt und in den Ausgabefiles genannt.

Bild 4.8 stellt den Einbau der Datei TPL dar und erläutert das Format der abgespeicherten Daten.

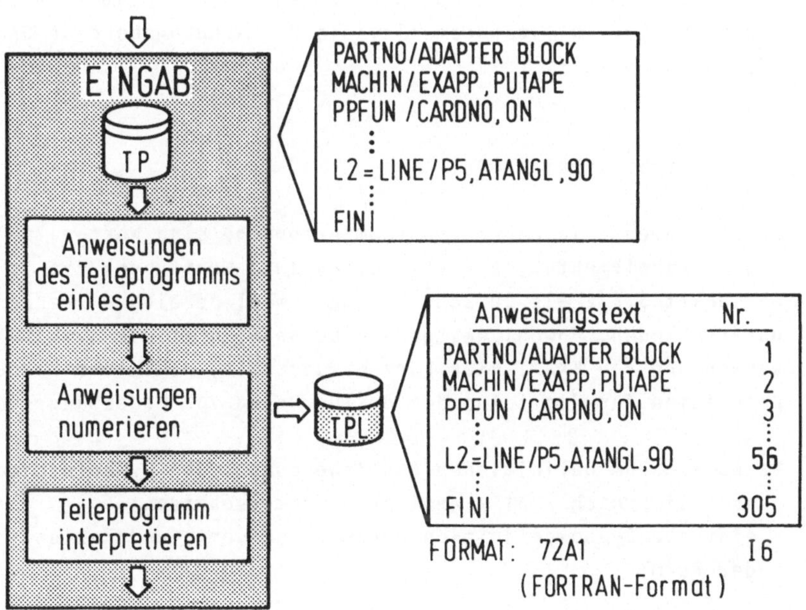

Bild 4.8: Eingliederung und Inhalt der Datei TPL für das numerierte Teileprogramm

Die Datei des numerierten Teileprogramms muß mehreren Anforderungen genügen:
- Jeder vollständigen Anweisung wird eine aufsteigende Anweisungsnummer zugeteilt.
- Auf die Anweisungen in der Datei muß einfach vom Dialogmodul zugegriffen werden können, um den Text des Teileprogramms auf dem Bildschirm editieren zu können.
- Das vom Eingabemodul EINGAB benötigte Anweisungsformat soll in die Datei unverändert übernommen werden, damit es wiederum als neues Teileprogramm durch den Processor verarbeitet werden kann.

Unter Berücksichtigung der obengenannten Anforderungen und der Anpassung an die Bildschirmgröße wird der Anweisungstext im FORTRAN-Format 72A1 (bis 72 Zeichen in einer Zeile) und die Anweisungsnummer im FORTRAN-Format I6 (bis 6 Stellen von einer Integerzahl) dargestellt, die den Kennungsbereich Spalte 73 bis 78 besetzt.

4.2.2 Symboltabelle SBL

Sprachelemente in einer Programmiersprache sind Worte, Zahlen und Syntaxelemente. In EXAPT werden zwei Worttypen, die in Abschnitt 3.3.2 als Sprachwort und Symbol bezeichnet werden, unterschieden. Obwohl weitgehend bekannt, wird die Symbolverwendung von EXAPT hier kurz dargestellt, weil ihre Grundprinzipien für die folgenden Ausführungen von Bedeutung sind.

Da es sich um Definitionen und Anwendungen der Symbole handelt, lassen sich nach / 31 / drei Arten unterscheiden:
- einfache Symboldefinition durch Sprachworte und Zahlen in der Form:

  Symbol 1 = Definition 1(Sprachworte, Zahlen),

- einfache Symbolanwendung in einer Exekutivanweisung in der Form:
  Hauptteil / Nebenteil(Sprachworte, Zahlen, Symbole) und

- geschachtelte Symboldefinition, indem ein bereits definiertes Symbol oder einige vorher definierte Symbole in der Definition eines neuen Symbols angewandt werden, in der Form:
  Symbol 2 = Definiton 2(Sprachworte, Zahlen, Symbol 1, ...).

Bild 4.9 zeigt ein praktisches Beispiel. Ein Symbol darf nur

Beispielwerkstück

geometrische Definitionen

```
C4 = CIRCLE/0,0,20
C5 = CIRCLE/0,0,55
P1 = POINT/C4,ATANGL,45
P2 = POINT/C5,ATANGL,70
P3 = POINT/C5,ATANGL,20
C1 = CIRCLE/CENTER,P1,RADIUS,5
C2 = CIRCLE/CENTER,P2,RADIUS,10
C3 = CIRCLE/CENTER,P3,RADIUS,12
L1 = LINE/LEFT,TANTO,C1,
     LEFT,TANTO,C2
L2 = LINE/RIGHT,TANTO,C3
     RIGHT,TANTO,C2
L3 = LINE/LEFT,TANTO,C3
     LEFT,TANTO,C1
```

Baumstruktur

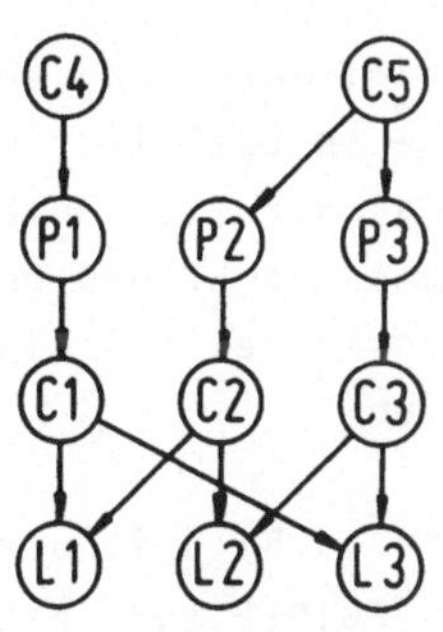

Fahranweisung:

```
GOTO/P1
GO/TO,C1
GORGT/C1
GOFWD/L1
:
```

Bild 4.9: Definitions- und Anwendungsbaumstruktur für geometrische Anweisungen

einmal in einer Anweisung definiert werden, die im folgenden als Definitionsanweisung bezeichnet wird. Es kann jedoch mehrmals in weiteren Anweisungen auftreten, die als Anwendungsanweisungen bezeichnet werden und wieder Definitionen für andere Symbole sein können. Die Verwendungen der Symbole lassen sich ausgehend von der Definition als Baumstruktur darstellen. Die Änderung eines Elements kann demnach Auswirkungen auf andere Elemente nach sich ziehen, andererseits kann eine fehlerhafte Definition durch die Verwendung eines Symbolaufrufs bedingt sein.

Im Beispiel des Bildes 4.9 könnte eine fehlerhafte Anweisung für "L1" auch durch die Definitionen für "C1" bzw. "C2" verursacht worden sein, die wiederum Abhängigkeiten von weiteren Symbolen aufweisen. Es ist anwenderfreundlich, diese Anweisungen gegebenfalls dem Benutzer durch den Dialogmodul zur Überprüfung vorzuschlagen. Bei Korrektur der Definition für "C5" beispielsweise, die Auswirkungen auf "P2", "P3", "C2", "C3", "L1", "L2" und "L3" zur Folge hat, muß das Korrektursystem gleichfalls entsprechende Hinweise geben.

Außer den genannten geometrischen Definitionen können auch die technologischen Definitionen geschachtelt definiert und angewandt werden. Die Symbole der relevanten Anweisungen werden dann analog in die Baumstruktur eingetragen.

Im Hinblick auf die Baumstruktur der Definitionen und Anwendungen von Symbolen muß die Symboltabelle so gestaltet werden, daß sie ein rechnerinternes Abbild der Baumstruktur enthält. Sie kann während des Ablaufs des Eingabemoduls EINGAB generiert und als Folge einzelner Informationssätze, im folgenden als Records bezeichnet, organisiert werden.

Die Generierung der Symboltabelle SBL ist in Bild 4.10 dargestellt. Beim Ablauf des Unterprogramms EGINTP zur Interpretation des Teileprogramms werden zuerst die Symbole von den Sprachworten über eine rechnerinterne Sprach-

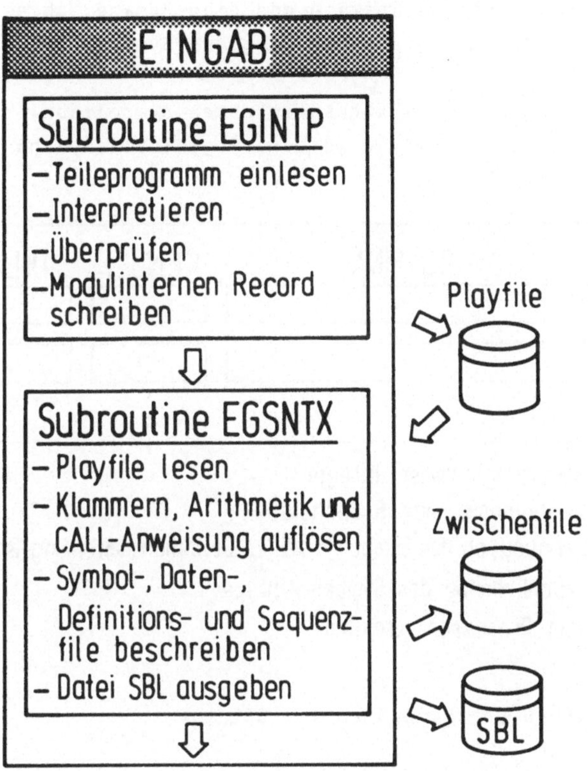

Bild 4.10: Generierung der Symboltabelle SBL

worttabelle separiert. Die Teileprogrammanweisung wird nach der syntaktischen Überprüfung im internen Format auf einen Zwischenfile geschrieben. Ferner wird im Unterprogramm EGSNTX jedes gelesene Symbol auf Definition oder Anwendung überprüft.

Bei jedem Erkennen eines Symbols wird ein Record der Symboltabelle geschrieben. Der Inhalt eines Records umfaßt neben dem Symbolnamen verschiedene Kenndaten wie Anweisungsnummer,

Art bzw. Typ der Symboldefinition und eine Angabe, ob es sich um eine Definition oder eine Anwendung des Symbols handelt.

Den Aufbau der sequentiell abgespeicherten Symboltabelle zeigt Bild 4.11. Es ist keine weitere Organisation anhand

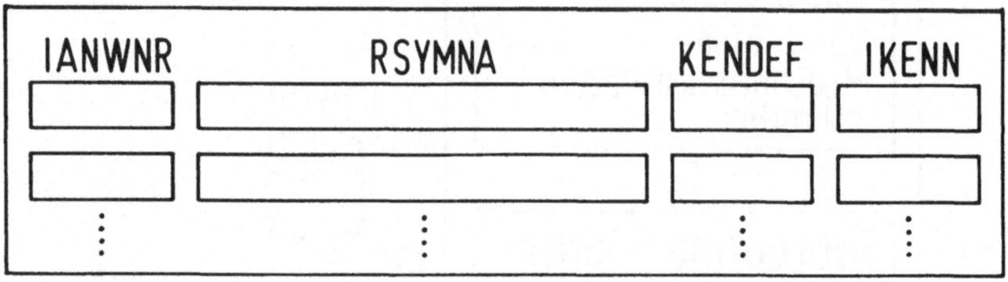

IANWNR	RSYMNA	KENDEF	IKENN
⋮	⋮	⋮	⋮

IANWNR — Anweisungsnummer, Integer
RSYMNA — Symbolname, max. 6 Buchstaben
KENDEF — Kennung, ob das Symbol in seiner Definitionsanweisung ist.
IKENN — Typenkennung des Symbols, Integer vom Processor vereinbart

Bild 4.11: Aufbau der Symboltabelle SBL

Symbolnamen, -definitionen oder -anwendungen für die Generierung und die Ausnutzung der aufgebauten Tabelle notwendig. Bei der Änderung eines Symbols können über einen Suchlauf eventuelle Abhängigkeiten eindeutig und zuordnungsbestimmt erkannt werden.

4.2.3 Anweisungstypentabelle TYP

Neben obengenannten Symbolen, die vom Benutzer festgelegt werden, kennzeichnen auch die festgelegten Sprachworte die Anweisungen eindeutig. Die Funktionen sämtlicher Sprachworte sind in der Sprachbeschreibung / 29 / ausführlich beschrieben.

Für Korrekturabläufe können bestimmte Sprachworte gleich behandelt werden. Es werden deshalb Kategorien von dementsprechenden Anweisungstypen gebildet.

Da sich die Summe aller Hauptworte im vorhandenen EXAPT-Verarbeitungsprogramm schon in verschiedene Gruppen einordnen läßt, deren Glieder funktionsmäßige Ähnlichkeit aufweisen, können diese als Haupttypen bezeichnete Kategorien, die in Bild 4.12 aufgelistet sind, auch für die Durchführung von Korrekturen Gruppen bilden. Zum Teil sind jedoch auch innerhalb der Haupttypengruppen modifizierte Korrekturabläufe auszuführen. Sie lassen sich anhand der Subtypen, die den Codeintegerzahlen entsprechen, erkennen.

Haupttyp	Sprachwort
1100	ZSURF CUTTER TRASYS
2000	RAPID CYCLE CSPEED 'STOP DELAY MACHIN ROTABL TRANS PPFUN FEDRAT SPINDL NEWTL ORIGIN CUTCOM CLDIST SAFPOS TOOLNO COOLNT PARTNO INSERT OFSTNO PPRINT AUXFUN OPSTOP
4000	LINE CIRCLE POINT PATERN MATRIX
5000	FROM GO GOTO GOFWD GOBACK GOLFT GORGT GODLTA TLON TLLFT TLRGT OFFSET INDIRP INDIRV
5002	GOCON
6000	CONTUR BEGIN FWD BACK RGT LFT TABCL TERMCO
7000	CUT WORK PART
8000	CDRILL DRILL REAM SISINK SINK COSINK TAP BORE MILL CONT
14000	FINI

Bild 4.12: Processorinterne Codierungen der Haupttypen

Die dargelegten Ordnungskriterien sind wesentlich für die Konzeption des Korrekturmoduls, der die entsprechenden Verzweigungen nach Haupt- und gegebenenfalls Subtypen für die notwendigen Korrekturmaßnahmen bereitstellen muß. Sie werden deshalb in der Datei Anweisungstypentabelle TYP für jede Anweisung abgelegt.

Die Haupt- und Subtypen werden vom Eingabemodul EINGAB des Processors während des Interpretationsvorgangs anhand einer internen Tabelle bestimmt. Die zu realisierende Aufgabe besteht darin, an dieser Schnittstelle zusätzliche Programmteile für die Generierung der Anweisungstypentabelle TYP einzufügen. Für jede Anweisung, die ein gültiges Hauptwort enthält, wird ein Record in der Datei abgespeichert. Es werden keine Records für Kommentaranweisungen oder dem System unbekannte Anweisungen aufgebaut.

Ein Record umfaßt die Kenndaten: Anweisungsnummer, Haupttyp und Subtyp. Der Aufbau der Anweisungstypentabelle TYP ist aus Bild 4.13 zu ersehen.

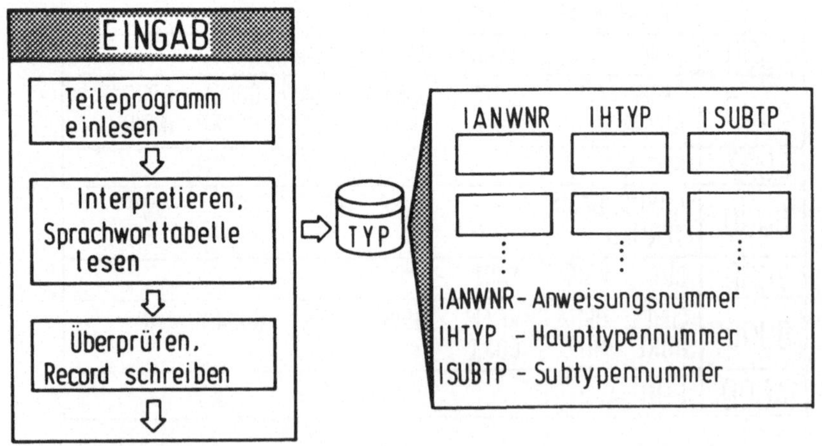

Bild 4.13: Erstellung der Anweisungstypentabelle TYP

4.2.4 Processorfehlertabelle PRF

Sämtliche Moduln des Processors überprüfen die von ihnen zu verarbeitenden Anweisungen auf fehlerhafte Konstellationen. Syntaktische Fehler erkennt dabei der Eingabemodul, logische Fehler wie zum Beispiel geometrische Unverträglichkeiten oder fehlerhafte Werkzeugangaben stellen die betreffenden Verarbeitungsmoduln fest.

Die Reaktion auf erkannte Fehler richtet sich nach der Fehlerschwere, die mit FATAL ERROR, ERROR, WARNING und DIAGNOSE klassifiziert wird. Mögliche Reaktionen sind sofortiger Abbruch, Abbruch nach Modulende und bedingte Weiterverarbeitung. Eine einfache Fehlerkorrektur nach der Processorverarbeitung ist hier mittels der in Bild 4.14 gezeigten Processorfehlertabelle

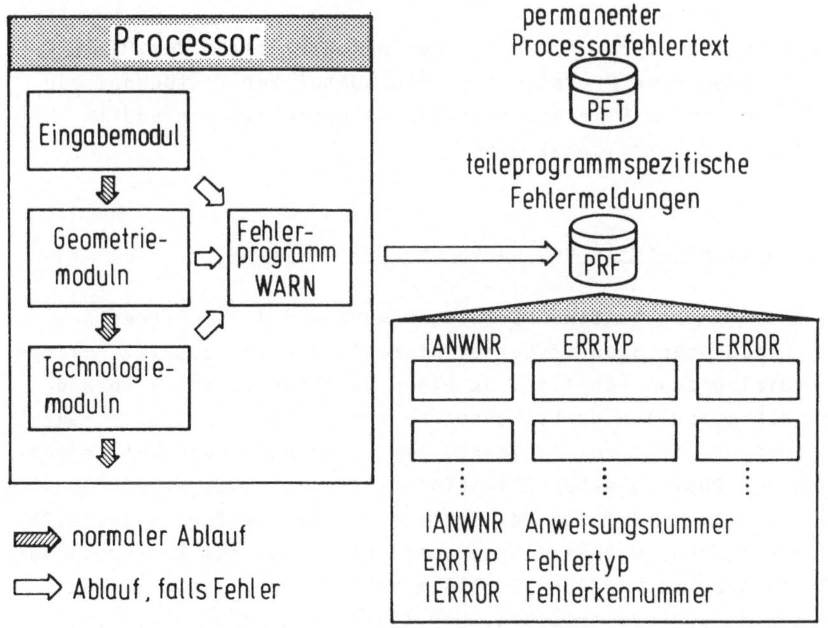

Bild 4.14: Generierung der Processorfehlertabelle PRF

durch den Dialogmodul ausführbar. Der Inhalt der dazu benötigten Datei PRF hat aus der Anweisungsnummer, dem Fehlertyp und der Fehlerkennummer zu bestehen. In Bild 4.14 werden die Generierung und der Aufbau der Fehlertabelle dargestellt. Sie läßt sich durch Erweiterungen des zentralen Programmteils WARN erzeugen, der bisher ausschließlich für den Ausdruck von Fehlermeldungen zuständig war. Das Fehlerprogramm kann im Fehlerfalle von allen Processormoduln aufgerufen werden.

Die Datei PRF muß allerdings nur bei Processorfehlern mit Daten belegt werden, ansonsten wird sie nicht initialisiert. Da im Fehlerfalle auch die Symboltabelle SBL und die Anweisungstypentabelle TYP inkorrekt sein können, zum Beispiel bei falscher Schreibweise eines Hauptwortes, ist die Processorfehlertabelle vom Dialogmodul mit höchster Priorität bei der Fehlerkorrektur abzuarbeiten.

Zur Klartextunterstützung für den Benutzer steht dem Dialogmodul zudem eine Processorfehlertextdatei zur Verfügung, die als permanenter File nur einmalig zu erstellen ist und im Bild als PFT bezeichnet wird.

4.3 Dateiengenerierung durch den Postprocessor

In den vorhergehenden Abschnitten wurden die vom Processor zu erzeugenden Schnittstelleninformationen vorgestellt, welche der Dialogmodul benötigt. Um einen durchführbaren Rückbezug von der aktuellen Werkstückbearbeitung, die durch den NC-Satz vorgegeben wird, zum Teileprogramm zu ermöglichen, hat jedoch auch der Postprocessor Zusatzinformationen auszugeben, die gleichfalls in Dateien dem Dialogmodul zur Verfügung gestellt werden müssen. Wie bereits ausgeführt, fällt dem Postprocessor die Aufgabe zu, aus den CLDATA maschinenspezifische NC-Sätze nach DIN 66025 zu erzeugen. Der Inhalt einzelner NC-Sätze, die durch eine aufsteigende Satznummer gekennzeichnet sind, umfaßt lediglich die zur Erfüllung des Arbeitsschrittes notwendigen Angaben. Sie enthalten jedoch keine Angaben, die auf ihre originäre Teileprogrammanweisung deuten.

Es stellt sich deshalb die Aufgabe, die dazu erforderlichen Daten zu ermitteln und entsprechend Bild 4.15 in der sogenannten Teileprogrammkorrekturdatei KOR abzuspeichern. Darüber hinaus werden alle vom Postprocessor gemeldeten Fehler in der Datei PPF erfaßt, die Basis einer dialogunterstützten Korrektur ist. Die zwei vom Postprocessor zusätzlich erzeugten Dateien, die in Bild 4.15 als KOR und PPF bezeichnet sind, sowie ihre Generierung werden in den nachfolgenden Abschnitten näher erläutert.

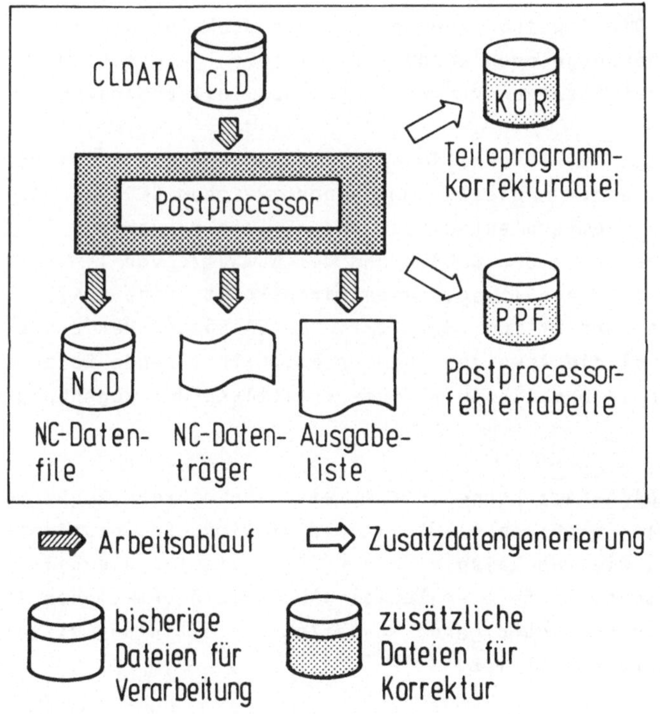

Bild 4.15: Erweiterte Postprocessorausgabe

4.3.1 Teileprogrammkorrekturdatei KOR

4.3.1.1 Zusammenhänge zwischen CLDATA und NC-Satz

Die CLDATA sind satzweise als sequentieller File organisiert, deren Satzfolge dem Ablauf des Teileprogramms entspricht /32/. CLDATA-Sätze werden jedoch nur aus ausführbaren Anweisungen des Teileprogramms wie zum Beispiel Verfahranweisungen, Bearbeitungsaufrufen usw. generiert. Nach der Verarbeitung geometrischer und technologischer Daten durch den Processor werden bei der Ausgabe der CLDATA-Sätze die Anweisungsnummern des Teileprogramms jeweils in spezifischen CLDATA-Sätzen abgelegt, die durch einen eigenen CLDATA-Satztyp gekennzeichnet sind und vor dem durch die Teileprogrammanweisung generierten CLDATA-Text stehen. Die Anweisungsnummern können deshalb aus dem CLDATA-File herausgelesen werden, sie treffen jedoch keine Aussagen zu den internen Verzweigungen des Teileprogramms.

Bild 4.16 zeigt den Informationsfluß im Postprocessor bei der NC-Satzermittlung. Um die Zusammenhänge zwischen CLDATA, die auch Anweisungsnummern enthalten, und NC-Satz zu verdeutlichen, wird die Generierung der CLDATA und der NC-Sätze von links nach rechts in zwei Verarbeitungsphasen dargestellt. Eine ausführbare Anweisung ergibt zumindest zwei CLDATA-Sätze. Der erste Satz gibt dabei die Anweisungsnummer an, nachfolgende Sätze enthalten die Informationen für die Ermittlung der zugehörigen NC-Sätze.

Aus einem CLDATA-Satz können direkt ein oder mehrere NC-Sätze entstehen, wie im oberen Bildteil gezeigt wird. Bei bestimmten CLDATA-Typen, wie zum Beispiel ein CLDATA-Satz für die Eilgangeinschaltung, liefert er lediglich Zusatzinformationen für einen oder einige nachfolgende NC-Sätze, wie es in der Mitte des Bildes dargestellt ist.

Solche CLDATA-Sätze, die keine eigene NC-Sätze bewirken, bilden die sogenannten modalen Funktionen, welche für einen

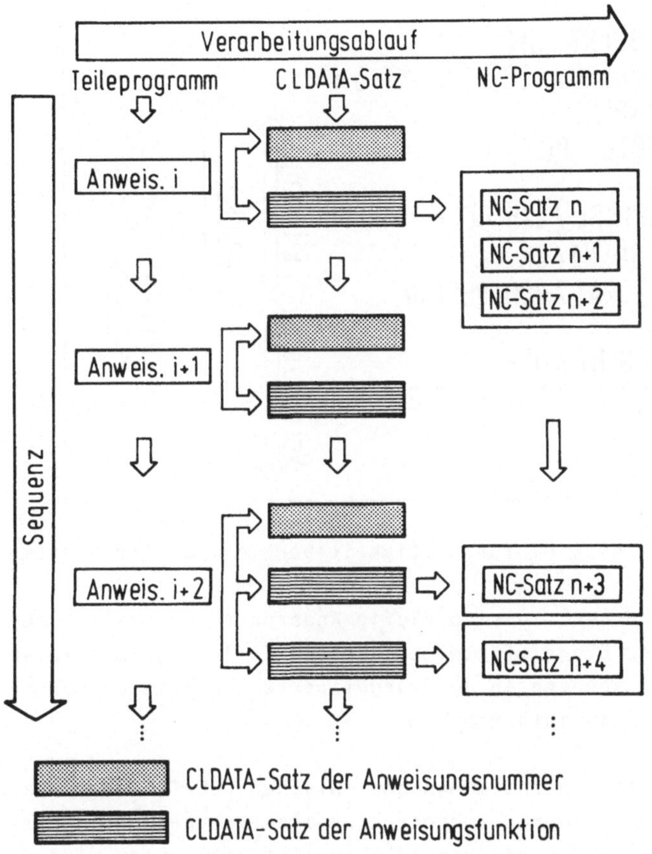

Bild 4.16: Informationsfluß bei der NC-Satzermittlung

bestimmten Bereich des Teileprogramms wirksam oder gültig sind. Sie werden hauptsächlich in der numerischen Steuerung als Schaltfunktionen ausgeführt. Wie aus Bild 4.17 zu ersehen ist, können sie durch entsprechende Anweisungen überschrieben oder explizit gelöscht werden. Für den Dialogmodul zur Teileprogrammkorrektur ist es erforderlich, den Beginn und den Gültigkeitsbereich modaler Funktionen im Teileprogramm er-

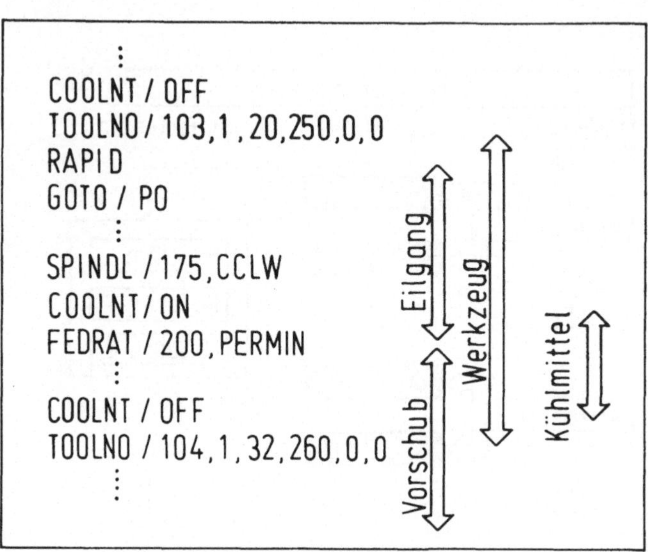

Bild 4.17: Beispiel für Gültigkeitsbereich modaler Funktionen

kennen zu können. So sind häufig Änderungen im Quellenprogramm nicht an der Eingriffsstelle, die der Teileprogrammanweisung entspricht, sondern an der vorgelagerten Definition der modalen Funktion auszuführen.

Die obengenannten Zusammenhänge zwischen CLDATA und NC-Satz sind in der Teileprogrammkorrekturdatei rechnerintern darzustellen, die im nachfolgenden Abschnitt betrachtet wird.

4.3.1.2 Inhalt und Erzeugung der Teileprogrammkorrekturdatei KOR

Als eine Postprocessorschnittstelle hat die Teileprogrammkorrekturdatei KOR folgenden Anforderungen zu genügen:

- Sie muß den Zusammenhang zwischen NC-Satznummer und Teileprogrammanweisungsnummer enthalten.
- Gültigkeitsbereiche modaler Funktionen müssen ersichtlich sein.

- Trotz unterschiedlicher Postprocessoren ist der Dateienaufbau und -inhalt zu standardisieren.

Die Datei wird dementsprechend als Folge einzelner Records realisiert, die beim Postprocessorlauf sequentiell geschrieben werden. Der Aufbau der Datei wird in Bild 4.18 gezeigt. Ein Record setzt sich dabei aus drei Integer-Kenndaten ISATZN, ICARDN und ITYPEN zusammen.

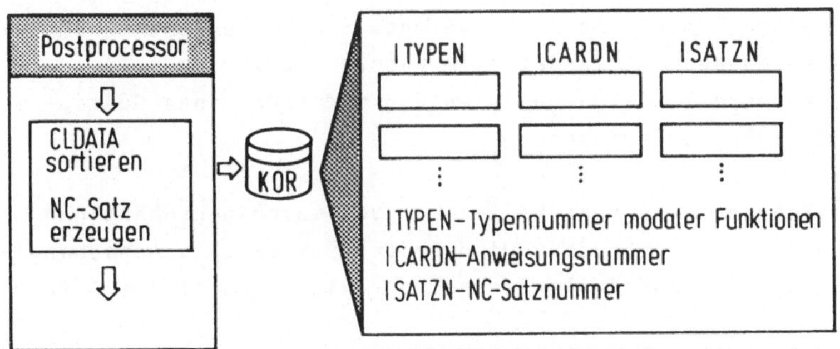

Bild 4.18: Aufbau der Teileprogrammkorrekturdatei KOR

NC-Satznummer ISATZN

Bei der Erstellung eines NC-Satzes für das NC-Programm wird vom Postprocessor für jeden NC-Satz nach DIN 66025 / 9 / eine fortlaufende Nummer vergeben. Für die Maschinenbedienung und Teileprogrammkorrektur ist die NC-Satznummer und der Zusammenhang der Nummer mit der Anweisungsnummer von Bedeutung. Für jeden vom Postprocessor generierten NC-Satz wird ein Record der Datei KOR erzeugt, in den als Kenngröße die NC-Satznummer aufgenommen wird.

Anweisungsnummer ICARDN

CLDATA-Sätze mit dem Satztyp 1 (CARDNO-Satz) / 32 / kennzeichnen die Nummer der ausführbaren Anweisung des Teileprogramms. Diese Anweisungsnummer ist bis zum Erscheinen eines weiteren gleichen Satztypes in alle Records der Datei einzutragen. Damit ist eine eindeutige Zuordnung zwischen Teileprogrammanweisungs- und NC-Satznummer hergestellt.

Modale Typennummer ITYPEN

Für sämtliche modalen Funktionen, die in Bild 4.19 gezeigt sind, werden Typennummern festgelegt. Sie werden beim Erkennen der betreffenden CLDATA-Sätze im Record abgespeichert und ermöglichen es dem Dialogmodul, Anfang und Ende eines Gültigkeitsbereiches zu erfassen.

Die Teileprogrammkorrekturdatei ist vom maschinenabhängigen Postprocessor zu erzeugen, wird jedoch vom maschinenunabhängigen Dialogmodul zur Teileprogrammkorrektur genutzt. Da Aufbau

Anweisung	modale Typennummer	CLDATA-Typ /32/
RAPID	21	2
FEDRAT	21	2
TOOLNO	22	2
COOLNT	23	2
SPINDL	24	2
CYCLE	25	2
SAFPOS	26	2
OFSTNO	27	2
CUTCOM	28	2
CLDIST	29	2
FINI	14	14
Sonstige	0	2,3,5,6,19,30

Bild 4.19: Modale Typennummern

und Ablauf der Postprocessoren nicht einheitlich sind, sind Vorschriften zu formulieren, wie und nach welchen Kriterien die standardisierte Datei KOR von den verschiedenen Postprocessoren zu generieren ist, damit der Dialogmodul postprocessorunabhängig funktionieren kann.

Bild 4.20 zeigt beispielhaft CLDATA-Sätze und die entsprechenden Records in der Datei KOR. Es lassen sich folgende Regeln erkennen, deren programmtechnische Realisierung in den jeweiligen Postprocessor zu implementieren sind:

- Wird aus einem CLDATA-Satz kein NC-Satz erzeugt, so wird die NC-Satznummer gleich Null gesetzt (CARDNO 81).
- Führt ein CLDATA-Satz zu mehreren NC-Sätzen (CARDNO 84), ist die Nummer der Teileprogrammanweisung zu wiederholen.
- Die modalen Typennummern werden nach ihrer Erkennung entsprechend dem jeweiligen CLDATA-Satz abgespeichert.
- Ein CLDATA-Satz vom Satztyp 1 (CARDNO-Satz) generiert keinen Record der Datei KOR.

CLDATA-Satz	NC-Satz	Teileprogrammkorrekturdatei ITYPEN	ICARDN	ISATZN
⋮	⋮	⋮		
CARDNO 81				
RAPID	—	21	81	0
CARDNO 82				
GOTO ···	N210 ···	0	82	210
CARDNO 83				
PPRINT ···	—	0	83	0
CARDNO 84				
TOOLNO ···	N211 ···	22	84	211
	N212 ···	22	84	212
CARDNO 85				
SPINDL ···	N213 ···	24	85	213
⋮	⋮	⋮		

Bild 4.20: Zusammenhänge CLDATA-Sätze und Teileprogrammkorrekturdatei KOR am Beispiel

Die Übertragung einer Kenngröße in einen Record muß deshalb zum einen dann ausgeführt werden, wenn ein neuer CLDATA-Satz eingelesen wird, und zum anderen, wenn ein NC-Satz erzeugt wurde. Die Postprocessoren sind also an diesen Stellen entsprechend der nachfolgenden Aufruffolge zu erweitern. In den Programmen zur Ausgabe der Records auf die Datei sind deshalb die in Bild 4.21 gezeigten Konstellationen zu unterscheiden.

Im ersten Fall wird das Dateienerstellungsprogramm beim jeweiligen Einlesen eines CLDATA-Satzes angesprochen. Dies bedeutet, daß der erste CLDATA-Satz keine NC-Satzausgabe verursachte und damit ein Record mit der Satznummer Null auf die Teileprogrammkorrekturdatei zu schreiben ist. Die Kenndaten des folgenden Aufrufs werden in einen Zwischenspeicher übernommen. Im zweiten Fall wird ein NC-Satz durch einen CLDATA-Satz erzeugt,

Fall	Ursache des vorhergehenden Aufrufs	Ursache des aktuellen Aufrufs	Variablenbelegung im Dateienerstellungsprogramm
1	Einlesen CLDATA-Satz	Einlesen CLDATA Satz	ITYPEN ICARDN ISATZN KOR Ausgabe [vorh.][vorh.][0] ⇨ KOR Speicher [akt.][akt.][leer]
2	Einlesen CLDATA-Satz	Generierung NC-Satz	Ausgabe [vorh.][vorh.][akt.] ⇨ KOR Speicher [leer][leer][leer]
3	Generierung NC-Satz	Einlesen CLDATA-Satz	keine Ausgabe, gilt auch für 1. Aufruf Speicher [akt.][akt.][leer]
4	Generierung NC-Satz	Generierung NC-Satz	Ausgabe [vorh.][vorh.][akt.] ⇨ KOR Speicher [leer][leer][leer]

[leer] leeres Wort — [0] kein NC-Satz erzeugt

[vorh.] Daten des vorhergehenden Aufrufs — [akt.] Daten des aktuellen Aufrufs

Einlesen CLDATA-Satz: Datenübergabe Anweisungsnummer, Typennummer
Generierung NC Satz: Datenübergabe NC-Satznummer

Bild 4.21: Generierung der Datei KOR

wogegen im letzten Fall mehrere NC-Sätze erstellt werden, wie es bei der automatischen Eermittlung technologischer Werte, im folgenden auch als automatische Technologieermittlung bezeichnet, oftmals vorkommt. Bei der dritten Alternative wird ein neuer CLDATA-Satz erkannt, dessen Kenngrößen jedoch nur zwischenzuspeichern sind, da beim vorhergehenden Aufruf ein NC-Satz erzeugt wurde.

4.3.2 Postprocessorfehlertabelle PPF

Der Postprocessor überprüft die CLDATA-Sätze, ob sie im richtigen Format und Datenbereich stehen. Postprocessoranweisungen wie zum Beispiel AUXFUN, CUTCOM, OFSTNO und PPFUN sind auf ihre Übereinstimmung mit den jeweiligen Maschinendaten zu untersuchen. Bild 4.22 zeigt die Erstellung der Postprocessorfehlertabelle PPF und den Aufbau der Schnittstelle. Sie ist ähnlich der Processorfehlertabelle PRF gestaltet. Ein permanenter File für die Postprocessorfehlertexte, der im Bild als

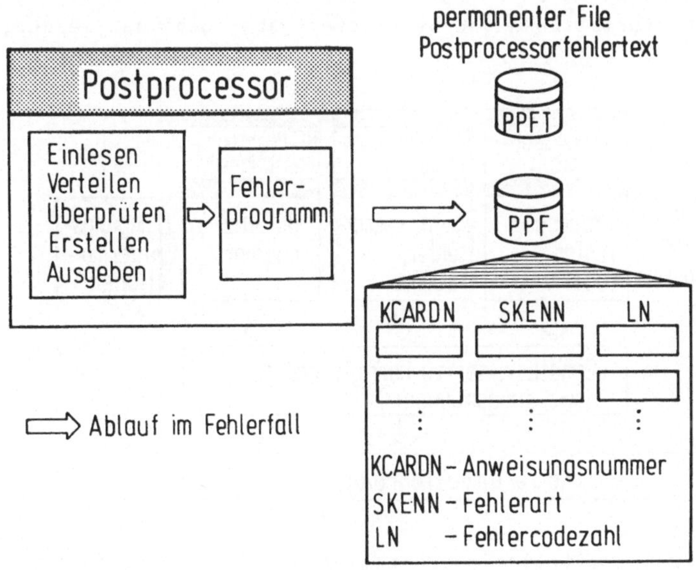

Bild 4.22: Erstellung der Postprocessorfehlertabelle PPF

PPFT bezeichnet ist, steht gleichfalls für die Textausgabe zur Verfügung. Wird ein Fehler von einem Postprocessorprogramm gemeldet, so wird das Fehlerprogramm jeweils aufgerufen und ein Record in die Tabelle PPF eingetragen, der aus der Anweisungsnummer KCARDN, Fehlerart SKENN und Fehlercodezahl LN besteht. Anhand der Fehlercodezahl kann der entsprechende Fehlertext aus dem permanenten File PPFT gelesen werden.

4.4 Identifikationsprozeß

Der erste Schritt der Teileprogrammkorrektur beginnt mit der Identifikation der zu korrigierenden Anweisung, worunter nachfolgend die Ermittlung einer ursächlichen Teileprogrammanweisung aus den durch die Verarbeitungsteile in den beschriebenen Dateien abgelegten Beziehungen und Informationen verstanden werden soll. Eine Korrektur kann nach Abarbeitung einer der im Abschnitt 4.1.2 erwähnten drei Phasen beginnen (Bild 4.23). Entsprechend der jeweiligen Eingangsinformationen, die durch Dateieninformationen und Benutzereingaben gebildet werden,

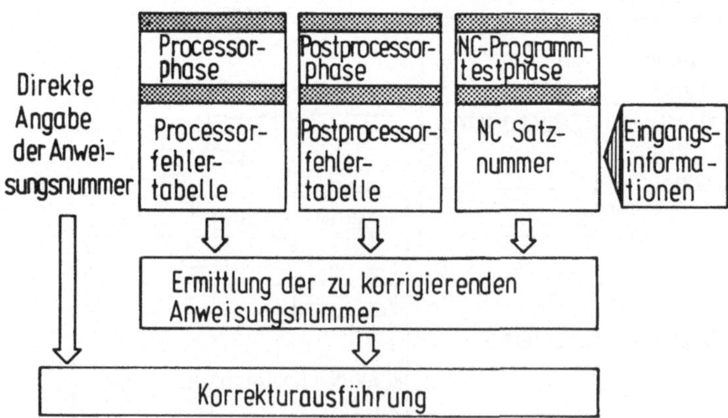

Bild 4.23: Ermittlung zu korrigierender Anweisungsnummern

ist vor einer Korrektur die fehlerhafte Teileprogrammanweisung durch Rechnerprogramme festzustellen, wobei aber auch die direkte Eingabe der zu korrigierenden Anweisungsnummer erfolgen kann. In Bild 4.23 wird zudem die Verknüpfung der Ermittlung zu korrigierender Anweisungen mit der Korrekturausführung dargestellt.

4.4.1 Identifikation in der Processor- und Postprocessorphase

Bild 4.24 zeigt den prinzipiellen Verlauf des Identifikations-

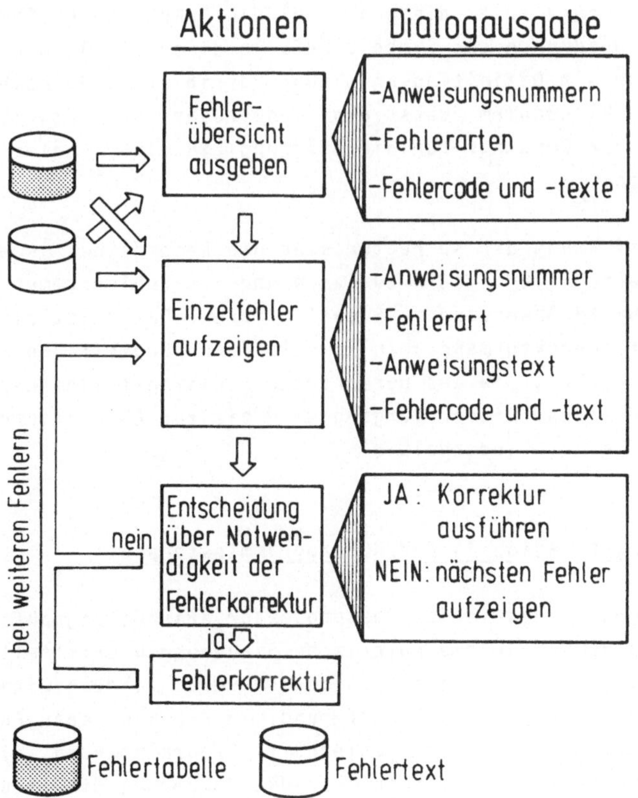

Bild 4.24: Identifikation zu korrigierender Anweisungen nach den Verarbeitungsphasen

vorgangs. Er weist in beiden Verarbeitungsphasen eine ähnliche Vorgehensweise auf und nutzt jeweils die Fehlertabellen und die Dateien mit den Fehlertexten. Die nachstehenden Ausführungen gelten deshalb für beide Phasen.

Eine Fehlerübersicht ist zuerst durch den Dialogmodul auf den Bildschirm auszugeben. Nach der Übersicht werden vom Benutzer die einzelnen Fehler behandelt, wobei Folgefehler durch die Korrektur der Ursache mit behoben werden. Werden beispielsweise eine fehlerhafte Symboldefinition durch eine falsche Schreibweise verursacht, tritt die Fehlermeldung "UNBEKANNTES SYMBOL" für alle Anwendungen des Symbols auf. In diesem Falle muß der Benutzer nur die Definitionsanweisung korrigieren. Deshalb ist auf dem Bildschirm zuerst eine Fehlerübersicht anzubieten, damit sich der Benutzer für die Änderung einzelner Fehler entscheiden kann.

Vor der Ausführung der Korrektur sind die Records der jeweiligen Fehlertabelle einzeln zu lesen und die Fehlernummer sowie die fehlerhafte Anweisung zu identifizieren. Dafür ist ein Hinweis auf Korrekturmaßnahmen jeweils durch begleitende Fehlertexte zu geben, die aus permanenten Fehlertextfiles herausgesucht werden. Dieser Vorgang wird bis zur Abarbeitung sämtlicher Fehler wiederholt.

4.4.2 Identifikation in der NC-Programmtestphase

Das NC-Programm, das in der Postprocessorverarbeitungsphase erzeugt und danach an die numerische Steuerung übermittelt wurde, kann in der Testphase von der Steuerung abgearbeitet und ausgeführt werden. Falls aufgrund eines erkennbaren Fehlers, verursacht durch eine fehlerhafte Programmierung, die Maschine angehalten wird, kann über die Steuerung die aktuelle NC-Satznummer angezeigt werden. Sie erlaubt einen Rückbezug vom NC-Programm auf die ursächliche Teileprogrammanweisung. Ein dialogorientierter Ablauf zur Bestimmung der zu korrigierenden Anweisung im Quellenprogramm ist in Bild 4.25 zu sehen. Der Benutzer hat über ein Bildschirmterminal die aktuelle NC-Satznummer anzugeben, die er aus der Anzeige der Steuerung ablesen kann. Bei der Änderung von Teileprogrammanweisungen, welche die Ausführung von Schaltfunktionen an der Maschine bewirkten, wie zum Beispiel Drehzahlen und Vorschubangaben, muß zusätzlich vom Benutzer die Eingabe der modalen Typennummer gefordert werden. Die Typennummern werden vom

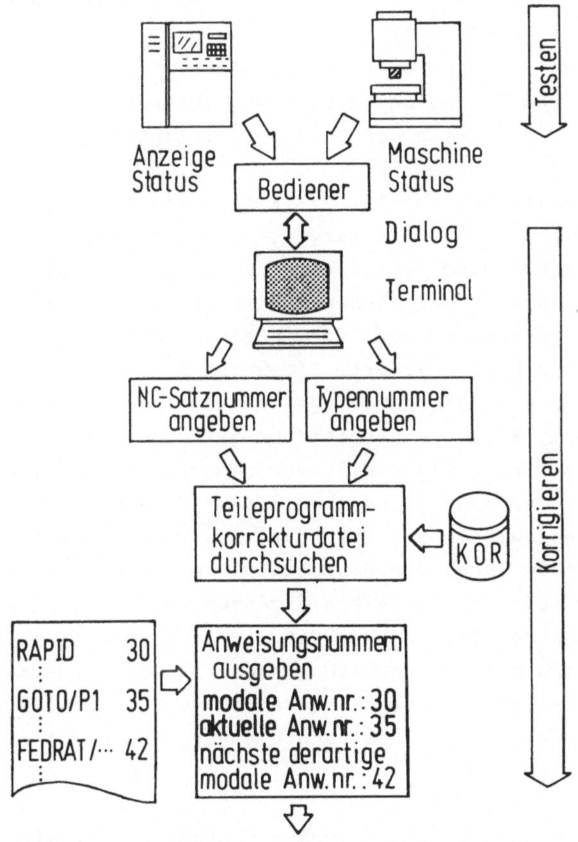

Bild 4.25: Identifikationsprozeß in der NC-Programmtestphase

Dialogmodul als Menü zur Auswahl angeboten und klassifizieren nach Bild 4.19 die Art der gewünschten Änderung.

Mittels der Teileprogrammkorrekturdatei KOR werden entsprechend der angegebenen NC-Satznummer drei mögliche Informationen bestimmt:

- die aktuelle Anweisungsnummer, unter welcher die den NC-Satz erzeugende Anweisung steht;
- eine modale Anweisungsnummer, in der die aktuelle modale Funktion programmiert wurde;
- eine weitere Anweisungsnummer, bis zu der die wirkende modale Funktion gültig ist.

Wenn keine modale Typennummer vom Benutzer angegeben oder eine automatische Technologieermittlung durchgeführt wurde, ergibt sich nur die erste der drei Informationen.

Die Vorgehensweise bei der Identifikation dieser relevanten Anweisungen ist in Bild 4.26 dargestellt. Die Teileprogrammkorrekturdatei KOR wird recordweise eingelesen und mit den Angaben des Benutzers verglichen. Bei Übereinstimmung der eingegebenen Typennummer wird die in diesem Record enthaltene Anweisungsnummer abgespeichert. Sie weist auf die modal wirkende Anweisung hin, die zum eingegebenen Typ der modalen Funktion gehört. Wird die gesuchte NC-Satznummer im Record erkannt, ist gleichzeitig die Nummer der aktuellen Teileprogrammanweisung aus dem Record abzuleiten. Zu diesem Zeitpunkt ist im Zwischenspeicher die erforderliche modale Anweisungsnummer. Weiterhin sucht der Dialogmodul in den nachfolgenden Records der Datei nach derselben Typennummer. Bei der nächsten Übereinstimmung der Typennummer ist der Identifikationsablauf mit der nächsten modalen Anweisungsnummer zu beenden. Auf den Identifikationsablauf in einem Sonderfall der automatischen Technologieermittlung wird im nachfolgenden Abschnitt noch eingegangen.

Bild 4.25 zeigt auch deutlich, daß der Benutzer für die Ausführung von Korrekturen den Code der NC-Sätze nicht zu kennen

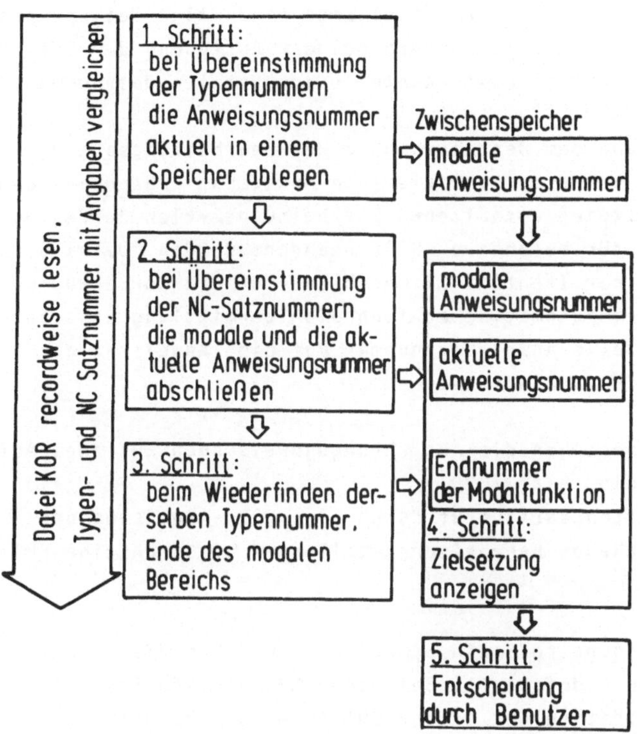

Bild 4.26: Bestimmung der Teileprogrammanweisungsnummern nach der NC-Satznummer

braucht, sondern ausschließlich das Teileprogramm als Quelldaten bearbeitet. Darüber hinaus wird von ihm lediglich die Eingabe der NC-Satznummer und der Typennummer verlangt.

4.4.3 Identifikation für die automatische Technologieermittlung in der NC-Programmtestphase

Bei der automatischen Technologieermittlung lassen sich mehrere NC-Sätze, die Schalt- und Verfahrbefehle enthalten können, durch einen Bearbeitungsaufruf im Teileprogramm erzeugen. Diese NC-Sätze wurden nicht durch explizite eindeutige Teileprogrammanweisungen verursacht, sondern bei der Auflösung der Bearbeitungsart und der Bearbeitungsstelle aus Dateien übernommen.

Demzufolge kann dem Benutzer außer der Bearbeitungsart und -stelle auch keine zu korrigierende Anweisung angeboten werden. Die in den Dateien enthaltenen Bearbeitungszyklen dürfen nicht vom Benutzer für besondere Fälle geändert werden. Deshalb ist ein spezifischer Identifikationsablauf für die Korrekturmöglichkeiten bei automatischer Technologieermittlung auszuführen, wenn die aktuelle Anweisungsnummer auf eine Anweisung des Bearbeitungsaufrufs hindeutet.

Wie erwähnt bestehen die Ausführungsanweisungen aus zwei Aufrufen. Dies sind nach / 29 /
- der Bearbeitungsartaufruf durch eine WORK-Anweisung und
- der nachstehende Bearbeitungsstellenaufruf durch eine CUT-Anweisung.

Die CUT-Anweisung ruft ein Symbol auf, welches die Geometrie der Bearbeitung definiert. Bei einem Geometriefehler muß die Geometriedefinition des in der CUT-Anweisung aufgerufenen Symbols behandelt werden. Der Dialogmodul muß in diesem Falle nur noch die vorhandenen Korrekturmaßnahmen für Geometriedefinitionen ergreifen.

Die WORK-Anweisung ruft die Bearbeitungsart auf, die durch ein weiteres Symbol definiert wird. Nach den Angaben in der Bearbeitungsdefinition werden die Arbeitsabläufe, Werkzeuge, Schnittwerte und Werkzeugwege aus technologischen Dateien entnommen. Sind die Technologiedaten aus den Dateien wegen spezieller Bearbeitungsgegebenheiten unerwünscht, können sie durch explizite Angabe der Modifikatoren in der Bearbeitungsdefinition überschrieben werden.

Bild 4.27 stellt den Identifikationsablauf dar, wobei bezüglich der Fehlerursachen vom Benutzer zwischen geometrisch bedingten und technologisch bedingten Fehlern zu unterscheiden ist, wenn eine aktuelle Teileprogrammanweisung vom Dialogmodul als WORK-Anweisung erkannt wurde.

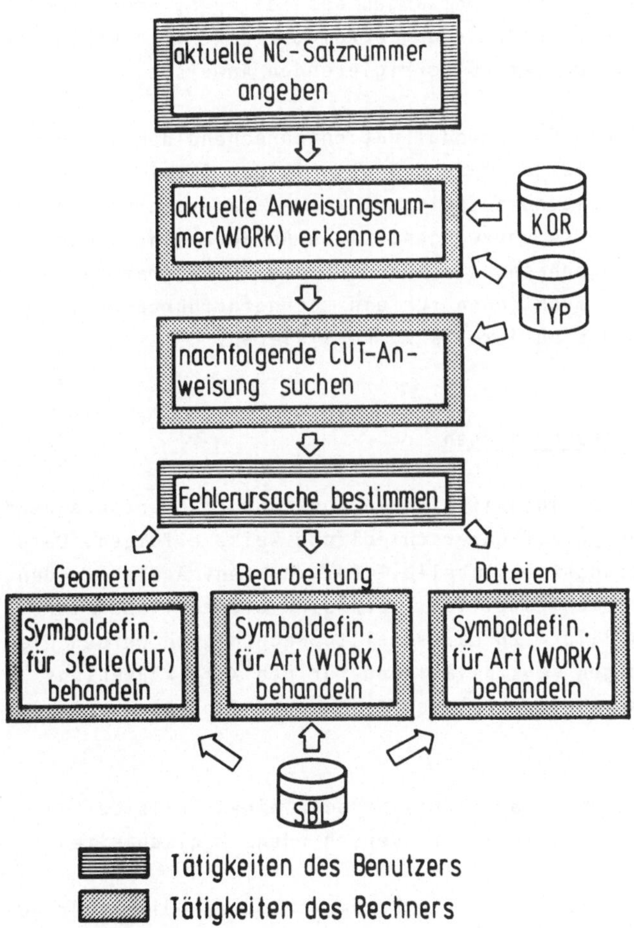

Bild 4.27: Identifikation zu korrigierender Anweisungen bei automatischer Technologieermittlung

4.5 Ausführung von Korrekturmaßnahmen

Basierend auf der im vorhergehenden Kapitel aufgezeigten Ermittlung fehlerhafter Anweisungsnummern, wird hier die Ausführung der Korrekturmaßnahmen unter Berücksichtigung ihrer Auswirkung auf andere Anweisungen des Teileprogramms untersucht. Dieser Korrekturvorgang erfolgt direkt im Anschluß an die Identifikation der zu korrigierenden Anweisung.

Der erforderliche Dialogmodul hat entsprechend dem Typ der Anweisung, der als Haupt- und Subtyp in der Datei TYP bei der Processorverarbeitung gespeichert werden kann, in verschiedene Korrekturabläufe zu verzweigen. Diese Abläufe sind sowohl für die Verarbeitungsphasen als auch für die NC-Programmtestphase geeignet. Dialogfunktionen für ein rechnergeführtes Editieren der Anweisungen sind jeweils zu realisieren.

4.5.1 Fallunterscheidungen

Die Korrektur der identifizierten Anweisung muß entsprechend dem Anweisungstyp auf unterschiedliche Weise erfolgen. Dazu ist die Anweisungstypentabelle TYP zu nutzen. Analog zu den in Bild 4.12 zusammengestellten Typen sind die möglichen Verzweigungen in Bild 4.28 dargestellt. Nachfolgend werden die allgemeingültigen Konstellationen für den Korrekturablauf bei sämtlichen Anweisungstypen zusammenfassend herausgearbeitet.

Bei der Korrektur einer Anweisung oder eines Teils der Anweisung sind prinzipiell drei verschiedene Möglichkeiten zu unterscheiden:

- Es wird ein Sprachwort, ein Parameter oder Modifikator geändert.
- Die Definitionsanweisung eines Symbols wird geändert. Dies erfordert, die Auswirkungen auf andere Anweisungen zu überprüfen, welche gegebenenfalls das definierte Symbol verwenden.

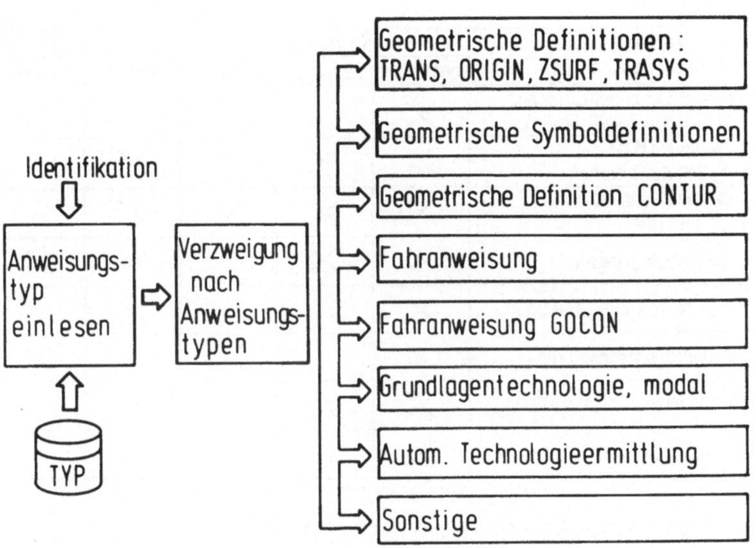

Bild 4.28: Verzweigung des Korrekturablaufs nach Anweisungstypen

- Die aktuelle Anweisung ist Teil einer Anweisungsgruppe und erfordert eine Betrachtung des gesamten Bereichs bzw. die Anweisung wirkt modal. Hier ist der gesamte Bereich einer Überprüfung zu unterziehen.

Bild 4.29 zeigt diese Fallunterscheidungen in Abhängigkeit von den Anweisungstypen. Die gegenseitigen Beeinflussungen sind dem Benutzer durch den Dialogmodul anzuzeigen, der eventuell auf der Basis dieser Informationen weitere Entscheidungen treffen kann.

Es ist aus Bild 4.29 zu ersehen, daß die Korrekturmöglichkeiten für alle Verzweigungstypen mit den drei obengenannten Fällen zusammengefaßt werden können. Bei der Überprüfung von Auswirkungen sind auch die Anweisungen, die durch Symbole geschachtelt definiert werden oder sich in dem Bereich befinden, der von der geänderten Anweisung abhängig ist, zu

Verzweigung nach Anweisungstypen	Korrektur			Auswirkung	
	Param.Modif.	Symbol	Bereich	Symbol	Bereich
geometrische Definitionen: TRANS, ORIGIN, ZSURF, TRASYS	X		X		X
geometrische Symboldefinitionen	X	X		X	
geometrische Definition: CONTUR	X	X	X	X	
Fahranweisungen	X	X		X	X
Fahranweisung: GOCON	X	X		X	
Grundlagentechnologie	X		X		X
autom. Technologieermittlung	X	X		X	
sonstige	X				

Bild 4.29: Korrekturmöglichkeiten und Auswirkungen

betrachten. Da die Korrektur von Symbolen sowie von Anweisungen, die in einem Bereich stehen bzw. diesen beeinflussen, Auswirkungen über eine Anweisung hinaus mit sich ziehen können, ist auf diese Fälle noch näher einzugehen.

4.5.2 Korrektur einer Symboldefinition und ihre Auswirkungen

Die in der Processorphase generierte Datei der Symboltabelle SBL zeigt Verwendungen von Symbolen sowie die damit verbundenen Schachtelungen und Abhängigkeiten auf. Sie bietet die zentrale Informationsquelle bei der Korrektur von Symbolen. Wie Bild 4.29 verdeutlicht, kann in Anweisungen für Geometriedefinitionen, Verfahr- oder Bearbeitungsaufrufe die Korrektur von Symbolen erforderlich werden.

Wird eine Symboldefinition geändert, müssen die Auswirkungen auch in den Anweisungen, die das Symbol verwenden, überprüft werden. Die im Verlauf einer dialogunterstützten Korrektur von Symbolen durch den Rechner und den Benutzer auszuführenden Tätigkeiten sind in Bild 4.30 dargestellt. Die Definitionsanweisung eines im Dialog bestimmten Symbols wird durch das Lesen der Symboltabelle SBL über die Definitionskennung gefunden. Alle Anwendungsanweisungen des Symbols ergeben sich gleichfalls durch das Lesen derselben Tabelle und die darin stehende Kennung KENDEF, die in Bild 4.11 dargestellt wurde.

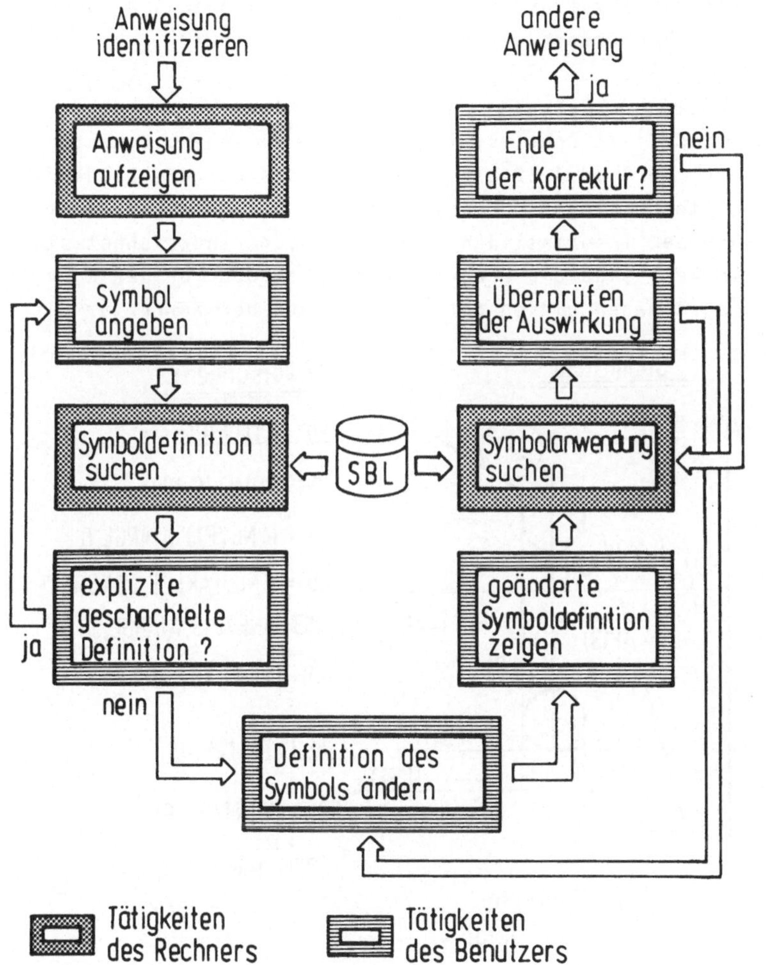

Bild 4.30: Dialogunterstützte Korrektur von Symbolen

Wenn es sich um eine geschachtelte Definition oder die mehrmalige Anwendung eines Symbols handelt, ist die Schleife zu wiederholen. Falls bei der Auswirkungsüberprüfung wiederum eine Symboldefinition als Anwendung eines Symbols geändert wird, werden gegebenfalls weitere Überprüfungen zyklisch ausgeführt. Durch dieses Verfahren wird die im Abschnitt 4.2.2 analysierte Baumstruktur von Symboldefinitionen und -anwendungen rechnerintern aufgelöst und verarbeitet.

Ein praktisches Beispiel für die Korrektur von Symbolen der Geometriedefinitionen ist in Bild 4.31 zu sehen. Dementsprechend ist in Bild 4.32 ein Ausschnitt der auf dem Bildschirm angezeigten Dialogausführung gezeigt, wobei die vom Benutzer einzugebenen Informationen durch Pfeile gekennzeichnet sind. In Bild 4.31 sind die programmierten Geraden vor der Korrektur mit ausgezogenen Linien gezeichnet, nach der Korrektur mit

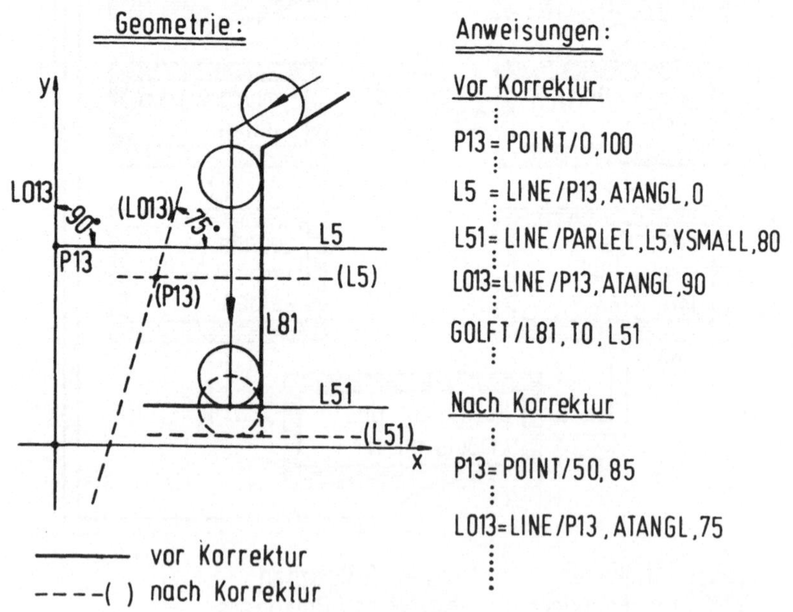

Bild 4.31: Beispiel einer Korrektur und Darstellung der Auswirkung

```
! GEWUENSCHTER TP-NAME : EXA4.EXA
! Teileprogramm editieren
! RUN DMA1: [WG]EXADLG
                         EINGANGSINFORMATION
                    ******************************
                    *        STARTMODUS          *
                    *                            *
                    *   EXAPT-PROZESSORFEHLER [E] *
                    *   POSTPROZESSORFEHLER   [P] *
                    *   TP-ANWEISUNGSNUMMER   [A] *
                    *   NC-SATZNUMMER         [N] *
                    *   SCHLUSS MIT EDITOR    [S] *
                    *                            *
                    ******************************
?N ◄—*
                        MODALTYPENNUMMER:
                FEDRAT = 21      TOOLNO = 22      +-----------------+
                COOLNT = 23      SPINDL = 24      I AUSSERDEM KEINE I
                CYCLE  = 25      SAFPOS = 26      I MODALFUNKTION   I
                OFSTNO = 27      CUTCOM = 28      I BETRACHTET !    I
                CLDIST = 29                       +-----------------+
TYPENNUMMER =
NC-SATZNUMMER =                           33 ◄—*
      AKTUELLE ANWEISUNGSNUMMER :         85
ZU AENDERNDE ANWEISUNGSNUMMER =           85 ◄—*
      FAHRANWEISUNG:   85
         GOLFT/L81,TO,L51                                          85
PARAMETER AENDERN              [Y/N] ? N ◄—*
SPRACHWORT/SYMBOL AENDERN      [Y/N] ? N ◄—*
SYMBOL-DEFINITION SUCHEN       [Y/N] ? Y ◄—*
ZU AENDERNDER SYMBOL-NAME =              L51 ◄—*
      SYMBOL  L51      WIRD IN     66 DEFINIERT:
         L51=LINE/PARLEL,L5,YSMALL,80                              66
DIE SYMBOLDEFINITION AENDERN[Y/N] ? N ◄—*
SYMBOL-DEFINITION SUCHEN       [Y/N] ? Y ◄—*
ZU AENDERNDER SYMBOL-NAME =               L5 ◄—*
      SYMBOL  L5       WIRD IN     62 DEFINIERT:
         L5=LINE/P13,ATANGL,0                                      62
DIE DEFINITION AENDERN         [Y/N] ? N ◄—*
SYMBOL-DEFINITION SUCHEN       [Y/N] ? Y ◄—*
ZU AENDERNDER SYMBOL-NAME =              P13 ◄—*
      SYMBOL  P13      WIRD IN     57 DEFINIERT:
         P13=POINT/0,100                                           57
DIESE DEFINITION AENDERN       [Y/N] ? Y ◄—*
         P13=POINT/50,85  ◄—*                                      57
AUSWIRKUNG VON P13 BESTIMMEN [Y/N]? Y ◄—*
         L5=LINE/P13,ATANGL,0                                      62
ANWEISUNG:    62    AENDERN    [Y/N] ? N ◄—*
         L013=LINE/P13,ATANGL,90                                   70
ANWEISUNG:   70    AENDERN     [Y/N] ? Y ◄—*
         L013=LINE/P13,ATANGL,75 ◄—*
WEITERE SYMBOL-DEFINITION AENDERN [Y/N] ? N ◄—*
```

Bild 4.32: Abschnitt der Bildschirmanzeige bei der Geometriekorrektur des Beispiels

punktierten Linien. Der Benutzer hat unter der NC-Satznummer 33 einen Geometriefehler bemerkt und startet den Korrekturablauf. Nach den rechnerintern durchgeführten Suchalgorithmen und mit den Dialogeingaben konnte die Definition des Punktes P13 als Fehlerursache erkannt werden, die eine falsche Position der Geraden L5 und L51 bewirkt. Nach der Änderung des Punktes P13 wird die Auswirkung auf die Gerade L013 überprüft und die Definition für L013 geändert.

Ein weiteres Beispiel für die Korektur automatisch ermittelter Technologiedaten zeigt Bild 4.33. Die dem NC-Satz 22 entsprechende aktuelle Anweisung wurde als WORK-Anweisung iden-

```
! 30-JUN-1982 10:03:47.36
! GEWUENSCHTER TP-NAME : EXA1.EXA
! Teileprogramm editieren
! RUN DMA1: [WG]EXADLG
        :
        :
TYPENNUMMER =
NC-SATZNUMMER =               22 <--*
      NC-SATZ WURDE VON DATEIEN ERMITTELT
      AKTUELLE ANWEISUNGSNUMMER:    32
      BEARBEITUNGSSTELLENAUFRUF IN ANWEISUNG:     33

BEARBEITUNGSSTELLEN ODER BEARBEITUNGSDEFINITION
  AENDERN      [CUT/WORK] ? C <--*

         CUT/PAT6                                 33

PARAMETER DIREKT AENDERN [Y/N] ? N <--*
SYMBOL-DEFINITION SUCHEN [Y/N] ? Y <--*
ZU AENDERNDER SYMBOL-NAME =    PAT6 <--*
      SYMBOL  PAT6  WIRD IN    23 DEFINIERT:

      PAT6=PATERN/RANDOM,PAT4,PAT5                23

DIE SYMBOLDEFINITION AENDERN [Y/N] ? N <--*
SYMBOL-DEFINITION SUCHEN     [Y/N] ? Y <--*
ZU AENDERNDER SYMBOL-NAME =         PAT4 <--*
        :
        :
! 30-JUN-1982 10:05:37.49
!


     <--* BENUTZEREINGABEN NACH DIALOGABFRAGEN
```

Bild 4.33: Beispiel einer Bildschirmanzeige bei der Korrektur automatisch ermittelter Technologiedaten

tifiziert. Nach der Benutzerentscheidung über die Notwendigkeit, die Geometrie (Bearbeitungsstelle, CUT) oder die Technologie (Bearbeitungsdefinition, WORK) korrigieren zu müssen, erfolgt die Durchführung der Korrektur.

4.5.3 Korrekturen und Auswirkungen in einem Anweisungsbereich

Anweisungen, die Korrekturen und Auswirkungen in einem Anweisungsbereich bewirken, sind nach Bild 4.34 durch einen dafür konzipierten Editor zu bearbeiten und zu korrigieren. Es sind drei Gruppen von Anweisungstypen zu unterscheiden, die vorhergehende bzw. nachfolgende Teileprogrammanweisungen direkt beeinflussen und deshalb bei Korrekturen in Zusammenhang betrachtet werden müssen:

- Anweisungen innerhalb eines Konturbereichs, der durch An-

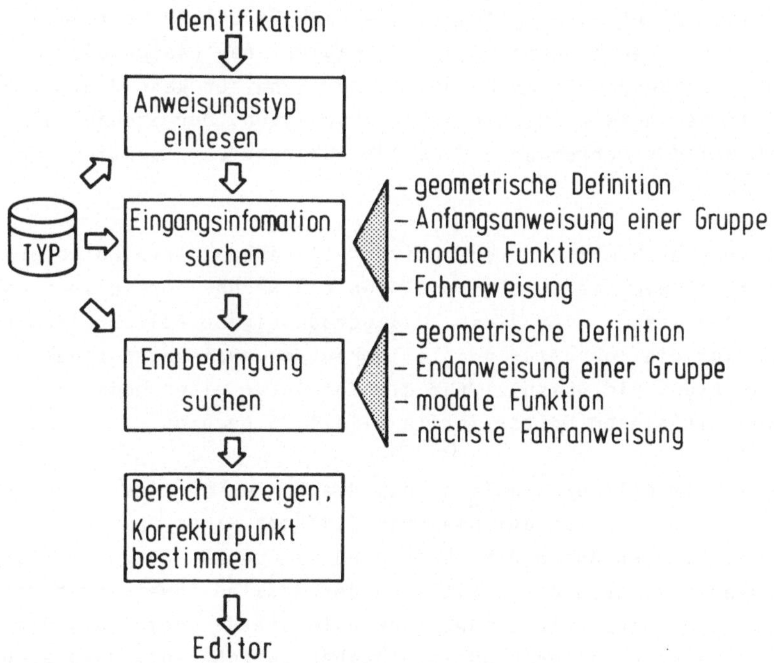

Bild 4.34: Bestimmung eines Anweisungsbereichs

weisungen mit den Hauptworten BEGIN und TERMCO abgegrenzt wird / 29 /.

- Die durch TRANS, ORIGIN, ZSURF und TRASYS gekennzeichneten Definitionen sowie grundlagentechnologische Anweisungen, die modal wirken.
- Relative Verfahranweisungen, die keine absoluten Daten beinhalten, sondern sich auf aktuelle Werte beziehen.

Zwar sind für diese Gruppen unterschiedliche Korrekturabläufe zu realisieren, die Bestimmung des beeinflussten Bereichs kann jedoch auf die gleiche, in Bild 4.34 gezeigte Weise erfolgen. Mit den Daten der Schnittstellendatei TYP lassen sich über die dort abgelegten Haupt- und Subtypen Anfang und Ende eines Bereichs erkennen.

Werden Korrekturen an einer Anweisung innerhalb eines derartigen Bereichs ausgeführt, die nach Bild 4.29 weitere Anweisungen beeinflussen können, reagiert der Dialogmodul mit der Ausgabe des Gesamtbereichs. Der Benutzer kann damit die möglichen Auswirkungen einfach abschätzen. Der Suchablauf ist bei der Korrektur und bei der Überprüfung funktionsmäßig identisch.

Im Vergleich mit anderen, universell verwendbaren Editorprogrammen, wie sie zum Beispiel von den Rechnerherstellern angeboten werden, ist dieser dialogmoduleigene Editor einfacher und auf die Korrektur von Teileprogrammanweisungen zugeschnitten. Ein Beispiel für die Korrektur einer modalen Funktion mit diesem Editor ist in Bild 4.35 gezeigt.

Es ist im Bild ersichtlich, daß die Korrektur einer modalen Funktion, hier zum Beispiel das Einfügen einer Spindeldrehzahl, mit der Abfrage nach Typennummer und NC-Satznummer verbunden ist. Nach der Ermittlung des modalen Anweisungsbereichs wird eine neue SPINDL-Anweisung aufgrund der vom Dialogprogramm angeforderten Benutzereingaben zwischen die Anweisungsnummern 80 und 81 eingefügt.

```
! 30-JUN-1982 09:29:38.43
! GEWUENSCHTER TP-NAME : EXA4.EXA
! Teileprogramm editieren
! RUN DMA1: [WG]EXADLG
        :
TYPENNUMMER    =    24 ◄—*
NC-SATZNUMMER  =    33 ◄—*
          BETREFFENDE ANWEISUNGSNUMMER :     75
          AKTUELLE ANWEISUNGSNUMMER :        81
          NAECHSTE DERARTIGE ANWEISUNG :     83
ZU AENDERNDE ANWEISUNGSNUMMER =     75 ◄—*
          ANWEISUNG:    75    MODALE FUNKTION
DEN MODALEN BEREICH SUCHEN [Y/N] ? Y ◄—*
       SPINDL/175,CCLW                                      75
       COOLNT/ON                                            76
       FEDRAT/75,PERMIN                                     77
       GOTO/-10                                             78
       FEDRAT/100,PERMIN                                    79
       PPRINT/KANAL FRAESEN                                 80
       GO/TO,L51                                            81
       GOLFT/L51,TO,L61                                     82
       SPINDL/250,CCLW                                      83

WIEDERHOLEN ODER AENDERN [W/A] ?    A ◄—*
           **********************************
           *                                *
           * EDITORFUNKTIONEN:              *
           * ANWEISUNG LISTEN:    Ln1-n2    *
           * ANWEISUNG LOESCHEN:  Dn1-n2    *
           * ANWEISUNG EINFUEGEN: In        *
           * ANWEISUNG AENDERN:   Cn1-n2    *
           * ANWEISUNG UMORDNEN:  Mn1-n2-n3 *
           * EDITOR UNTERBRECHEN: Q         *
           * PUFFER WEITER LADEN: E         *
           * ANDERE NUMMER SUCHEN: R        *
           * EDITOR BEENDEN:      T         *
           *                                *
           **********************************
?I80 ◄—*
       SPINDL/200,CCLW ◄—*
?L75-83 ◄—*
       SPINDL/175,CCLW                                      75
       COOLNT/ON                                            76
       FEDRAT/75,PERMIN                                     77
       GOTO/-10                                             78
       FEDRAT/100,PERMIN                                    79
       PPRINT/KANAL FRAESEN                                 80
       SPINDL/200,CCLW
       GO/TO,L51                                            81
       GOLFT/L51,TO,L61                                     82
       SPINDL/250,CCLW                                      83
        :
! 30-JUN-1982 09:32:04.16

          ◄—* BENUTZEREINGABEN NACH DIALOGABFRAGEN
```

Bild 4.35: Beispiel einer Bildschirmanzeige bei der Korrektur einer modalen Funktion

5 Systemkonfigurationen für alternative Anwendungen

Die Nutzung des in den vorangehenden Kapiteln beschriebenen Systems für die maschinennahe Anwendung verlangt den Einsatz einer gerätetechnischen Struktur, die folgende Anforderungen erfüllt:

- Verfügbarkeit eines maschinennahen Bildschirmterminals,
- Vorhandensein eines Rechners für die Ausführung der Dialogprogramme und des Processor- und Postprocessorlaufs,
- Möglichkeit einer direkten Übertragung der NC-Daten in die numerische Steuerung.

Aufbauend auf diesen funktionalen Gesichtspunkten können verschiedene Alternativen der Systemkonfiguration betrachtet werden.

5.1 Verbund Rechner und numerische Steuerung

Der Grundaufbau des maschinennahen Programmiersystems wird in Bild 1.1 gezeigt, wobei der Rechner mit oder ohne DNC-Funktionen für die maschinennahe Programmierung in der Arbeitsvorbereitung bzw. in der Werkstatt stehen kann.

Durch Anschluß eines separaten Rechners, der sich für den Processor und Postprocessor eignet, an eine numerische Steuerung zum Beispiel über eine standardisierte serielle Schnittstelle (V24) und geeignete Aufstellung des Bildschirmterminals kann eine Realisierung erfolgen. Sie erfordert lediglich den Aufbau zusätzlicher Prozeduren für Ablauf und Organisation der Ausführungsprogramme sowie der Datenübertragung und bedingt keine Eingriffe in die Steuerung, sofern eine Anschluß für die Datenübertragung besteht. Die Aufstellung des Rechners ist bei dieser Lösung nicht an den maschinennahen Bereich gebunden und läßt Möglichkeiten einer weiteren Nutzung offen. Prinzipiell kann damit die Programmierung für eine NC-Maschine bzw. bei der Möglichkeit einer Datenübertragung an mehrere Maschinen, wie es bei DNC-Systemen der Fall ist, auch die Programmierung verschiedener Maschinen durchgeführt werden.

Bei der Kopplung des Programmiersystems mit einem DNC-System kann auf vorhandenen Strukturen sowie Systemprogrammen für die NC-Programmverwaltung, -verteilung,-übertragung und Betriebsdatenerfassung / 33,34 / aufgebaut werden. Für den Rechner ergibt sich die zusätzliche Aufgabe der Teileprogrammverarbeitung, die organisatorisch in den DNC-Betrieb einzugliedern ist.

Die Realisierung als integrierte Komponente eines DNC-Systems wurde exemplarisch durchgeführt. Als Grundsystem wurde das am Institut für Steuerungstechnik der Universität Stuttgart (ISW) aufgebaute flexible Fertigungssystem / 35,36 / herangezogen, dessen Zentralrechner die Aufgaben des DNC-Betriebs, der Materialflußsteuerung und der Teileprogrammverarbeitung ausführt. Die gerätetechnische Erweiterung umfaßt lediglich die Aufstellung eines zusätzlichen Terminals im Werkstattbereich, das gegebenenfalls auch für weitere Dateneingaben bzw. -ausgaben eingesetzt werden kann. Die Programmerweiterungen, deren Umfang in Abschnitt 5.2 zu ersehen ist, konnten in das vorhandene EXAPT-System integriert werden, ohne daß zusätzliche Speichererweiterungen erforderlich waren.

Neben der maschinennahen Programmierung kann die Anwendung der Programmerweiterungen mit einer ähnlich wie in Bild 4.3 gezeigten Systemkonfiguration auch in der Arbeitsvorbereitung erfolgen. Die dialogunterstützten Hilfen zur Fehlerkorrektur sind gleichfalls zu verwenden, wobei das Teileprogramm nach der Kontrolle und dem Test des NC-Programms gegebenenfalls komfortabel korrigiert werden kann. Mit der Bedienerführung bei der Suche von Fehlern und ihren Auswirkungen wird die Korrektursicherheit erhöht und die Korrekturzeit verringert.

5.2 Integration in eine numerische Steuerung

Bei einer Integration des Programmiersystems in eine numerische Steuerung, wobei die maschinengebundene Programmierung in einer höheren Programmiersprache durchgeführt wird, sind zusätzliche

Komponenten bereitzustellen, die den in Bild 5.1 dargestellten Speicherumfang der Programmbausteine umfassen müssen. Systemstrukturen bei Steuerungen, die eine Eingliederung weiterer

Programme		Speicherumfang der Programme (Kbyte)	zusätzlicher Speicherbedarf für
Processor	BASIC-EXAPT	325	Ein-/Ausgabe
	EXAPT 1.1	525	Ein-/Ausgabe, Dateien
Postprocessor		40	Ein-/Ausgabe
Dialogmodul Erstellung		64,5	Ausgabe
Dialogmodul Korrektur		26,5	Ein-/Ausgabe

Bild 5.1: Speicherplatzbedarf des erweiterten EXAPT-Systems auf einer VAX 11/780

Komponenten erlauben, sind zum Beispiel mit der Verfügbarkeit eines modularen Mehrprozessorsteuersystems (MPST) vorhanden / 37,38 /. Darüber hinaus sind Mikroprozessoren erhältlich, die bis 16 Mbyte direkt adressierbaren Speicher anbieten. Die Abspeicherung der Programm-Moduln ist auf Halbleiterspeichern oder Peripheriegeräten wie Diskette bzw. Platte durchführbar.

Schwierigkeiten bereitet jedoch die Übersetzung der umfangreichen FORTRAN-Programme und das Zusammenbinden sämtlicher Programmteile auf den derzeitigen Entwicklungssystemen für Mikroprozessoren. Da bei dieser Integration nur die Nutzung für eine Maschine möglich ist und die zusätzlichen Kosten für die gerätetechnischen Komponenten beträchtlich sind, ist zur Zeit der wirtschaftliche Einsatz einer integrierten Lösung in Frage zu stellen. Zukünftige Entwicklungen mit sinkenden Hardware- und Softwarepreisen können gegebenenfalls eine wirtschaftliche Anwendung erschließen.

6 Zusammenfassung

Die Weiterentwicklung der Programmierung von NC-Maschinen verbessert in großem Maße die Wirtschaftlichkeit bei der Nutzung der NC-Technik. Ausgehend vom EXAPT-Programmiersystem wird dieses zu einem werkstattgerechten Programmiersystem ergänzt.

In dieser Arbeit wird zunächst eine Gegenüberstellung der zur Zeit angebotenen Programmierverfahren durchgeführt. Aufbauend auf der Analyse der Programmierung in der Arbeitsvorbereitung und der Programmierung in der Werkstatt an einer CNC mit Handeingabe wird ein Systemkonzept erarbeitet, das der Leistungsfähigkeit der ersteren und dem Organisationsvorteil der letzteren entspricht.

Schwerpunkte der Arbeit stellen die Softwareentwicklung zur Realisierung der maschinennahen Programmierung dar. Als Basissystem bietet das EXAPT-Programmiersystem die benötigte Leistungsfähigkeit und Maschinenunabhängigkeit an. Nach der Definition der Anforderungen bei einer maschinennahen Nutzung wird unter Berücksichtigung der vorhandenen Sprachmöglichkeiten der erforderliche Komfort für die rechnergeführte Teileprogrammeingabe und -korrektur realisiert. Dies beinhaltet die Erweiterung des Processors und des Postprocessors sowie die Entwicklung von Dialogmoduln.

Der Dialogmodul zur Teileprogrammerstellung unterstützt den Benutzer durch eine problembezogene Menütechnik. Alle Menüs zur Definition von Anweisungen für EXAPT 1.1-Sprachaussagen können durch hierarchische Verzweigungen im Dialog angesprochen werden. Die Anweisungen werden entsprechend der Dialogeingabe durch den Dialogmodul selbsttätig generiert, wobei lediglich Variable zur Auswahl der angebotenen Alternativen, Parameter und Symbole einzugeben sind. Die vom Benutzer definierten Symbole sind gegebenenfalls zu überprüfen. Damit werden Syntax- und Tippfehler vermieden, die Erstellungszeiten verkürzt und die Ausbildung des Benutzers vereinfacht.

Der Dialogmodul zur Teileprogrammkorrektur ermöglicht eine Informationsrückführung von den Verarbeitungsergebnissen zur Quelle und stellt damit die Voraussetzung der maschinennahen Programmierung mit einer Programmiersprache dar. Dafür sind durch den Processor und den Postprocessor die erforderlichen Schnittstellen für den Rückbezug aufzubauen. Das Teileprogramm kann nach den einzelnen Verarbeitungs- oder Testphasen entsprechend der Eingangsinformationen im Dialog korrigiert werden. Die Korrekturmaßnahmen enthalten die Identifikation zu korrigierender Anweisungen anhand der Fehlermeldung oder der aktuellen NC-Satznummer, die Korrektur der Fehlerquelle und die Bestimmung der Änderungsauswirkung auf andere Anweisungen. Hierfür ist entsprechend dem Anweisungstyp jeweils ein spezieller Ablauf aufzurufen. Die rechnergeführte Teileprogrammkorrektur vereinfacht die Korrekturdurchführung und verringert die NC-Programmtestzeit. Anwendungsbeispiele für die Teileprogrammerstellung und -korrektur werden in den entsprechenden Kapiteln aufgezeigt.

Neben der Softwareentwicklung werden Einsatzmöglichkeiten für die Implementierung des maschinennahen Programmiersystems betrachtet. Exemplarisch wurde die Kopplung mit einem DNC-System und die Erprobung durchgeführt.

Schrifttum

/1/ Stute, G. — Neue Bauelemente für die Steuerungstechnik. wt-Z. ind. Fertig. 66 (1976) Nr. 12, S. 679...682.

/2/ Stute, G. — Die Entwicklung der Steuerungstechnik unter dem Einfluß der Bauelemente. wt-Z. ind. Fertig. 66 (1976) Nr. 12, S. 683...690.

/3/ Kunerth, W.; Lederer, K. G.; Lienert, J. — Stand, Auswirkungen und Probleme des Einsatzes von numerisch gesteuerten Maschinen. Ergebnisse einer Industriebefragung. wt-Z. ind. Fertig. 66 (1976) Nr. 4, S. 201...205.

/4/ Debus, A.; Storr, A. — Struktur und Aufbau fertigungstechnischer Programmiersysteme bei integrierter Datenverarbeitung. wt-Z. ind. Fertig. 66 (1976) Nr. 3, S. 143...148.

/5/ Goldner, H. H. — Programmierplätze, Programmiersysteme und Programmierverfahren zur maschinellen NC-Programmierung. ZwF 75 (1980) Nr. 4, S. 172...183.

/6/ Grupe, U. — Programmiersprachen für die numerische Werkzeugmaschinensteuerung. Berlin, New York: de Gruyter, 1974.

/7/ Stute, G. — EXAPT-Möglichkeiten und Anwendung der automatisierten Programmierung für NC-Maschinen. München: Carl Hanser Verlag, 1969.

/8/ Eversheim, W. Westkämper, E. — Stand und Entwicklungstendenzen des Computer-Aided-Manufacturing (CAM). wt-Z. ind. Fertig. 67 (1977) Nr. 3, S. 171...178.

/9/ DIN 66025 — Programmaufbau für numerisch gesteuerte Arbeitsmaschinen. Februar 1972.

/10/ Storr, A. — Programmieren von NC-Maschinen. Vortrag, gehalten am Fertigungstechnischen Kolloquium Stuttgart, 1982. Erscheint demnächst in wt-Z. ind. Fertig.

/11/ DIN 66215 — CLDATA-Programmierung numerisch gesteuerter Arbeitsmaschinen. August 1973.

/12/ Straßburger, H.-U. — NC-Programmierung in Werkstatt und Arbeitsvorbereitung. wt-Z. ind. Fertig. 70 (1980) Nr. 8, S. 515...519.

/13/ Adamczyk, D. — Automatisierung der Fertigung durch maschinelle Programmierung von NC-Maschinen. RKW-Schlußbericht, D125/70(71)-1973.

/14/ Kief, H. B. — NC-Handbuch. Michelstadt,Stockheim: NC-Handbuch-Verlag, 1979.

/15/ Gast, K. H. Krause, N. Wetzel, F. — Numerische Steuerung für mehrachsige Bohr- und Fräsmaschinen. wt-Z. ind. Fertig. 69 (1979) Nr. 8, S. 495...499.

/16/ Geiger, M.; Bretz, M.; Schwieren, W. — CNC für die Werkstattprogrammierung wt-Z. ind. Fertig. 68 (1978) Nr. 9, S. 603...609.

/17/ Zeppelin, W. v. — Parallelprogrammieren und graphische Simulation erschließen weitere Möglichkeiten der Werkstattprogrammierung. ZwF 76 (1981) Nr. 8, S. 355...359.

/18/ Hemminger, U. — CNC und Handeingabe. wt-Z. ind. Fertig. 69 (1979) Nr. 8, S. 481...488.

/19/ Walker, T. — Programmieren an einer CNC mit Handeingabe. wt-Z. ind. Fertig. 68 (1978) Nr. 6, S. 325...328.

/20/ Hammer, H. — Organisation der Informationsverarbeitung für den Fertigungsdurchlauf. wt-Z. ind. Fertig. 70 (1980) Nr. 4, S. 247...260.

/21/ Eversheim, W.; Zons, K.-H. — Stand und Entwicklung von Programmierverfahren bei numerisch gesteuerten Werkzeugmaschinen. TZ f. prakt. Metallbearbeitung, 75 (1981) Nr. 9, S. 23...26.

/22/ Krumeich, K. — Rationalisierung in der NC-Programmierung. TZ f. prakt. Metallbearbeitung, 74 (1980) Nr. 2, S. 23...24.

/23/ Berner, J. — Integrierte Informationsverarbeitung am Beispiel der Verknüpfung fertigungstechnisch orientierter NC-Programmiersysteme.
ISW 29. Berlin, Heidelberg, New York: Springer Verlag, 1979.

/24/ ISO/TC97/SC9 — Numerical Control Processor Input-Basic Part Program Reference Language.
Document 97/9 N 51, July 1975.

/25/ Kuklik, H. — EXAPT 1.1-Flexible Programmierung leichtgemacht.
TZ f. prakt. Metallbearbeitung, 73 (1979) Nr. 2, S. 24...31.

/26/ N. N. — Aufbau eines modularen Processors zur Programmierung numerisch gesteuerter Arbeitsmaschinen.
Aachen: EXAPT-Verein, 1979.

/27/ N. N. — DAFES-Sprachbeschreibung.
Aachen: EXAPT-Verein, 1980.

/28/ N. N. — EXAPT 1.1 MAPEX-Sprachbeschreibung.
Aachen: EXAPT-Verein, 1977.

/29/ N. N. — EXAPT-Sprachbeschreibung.
Aachen: EXAPT-Verein, 1979.

/30/ Stute, G. — Der Einfluß neuer Steuerungsentwicklung auf die Fertigungstechnik.
wt-Z. ind. Fertig. 70 (1980) Nr. 4, S. 261...271.

/31/ Stute, G., Opitz, H., Spur, G. — EXAPT 3
Sprachbeschreibung.
Aachen: EXAPT-Verein, 1971.

/32/ N. N. EXAPT-Processor CLDATA-Beschreibung. Aachen: EXAPT-Verein, 1979.

/33/ Bühler, W. Erfahrungen bei der Anwendung von DNC- und CNC-Systemen in der Teilefertigung. TZ f. prakt. Metallbearbeitung, 71 (1977) Nr. 3, S. 102...106.

/34/ VDI Direktsteuerung mit Hilfe von Digitalrechnern. VDI-Richtlinie 3424, Köln: Beuth-Vertrieb, 1972.

/35/ Stute, G. Flexible Fertigungssysteme. wt-Z. ind. Fertig. 64 (1974) Nr. 3, S. 147...156.

/36/ Storr, A. Planung und Realisierung flexibler Fertigungssysteme. wt-Z. ind. Fertig. 69 (1979) Nr. 11, S. 681...691.

/37/ Stute, G., Klemm, P., Möller, H., Plasch, D., Spieth, U. Verteilte Steuerungseinrichtungen für Fertigungssysteme (MPST-Mehrprozessorsteuersystem). KfK-PDV 192. Kernforschungszentrum Karlsruhe, 1980.

/38/ Stute, G. Grundgedanken von MPST. KfK-PDV 145. Kernforschungszentrum Karlsruhe, 1978.

/39/ Tuffentsammer, K. u. a. Programmiergerechte Zeichnungsbemaßung. Grafenau/Württ.: Expert Verlag, 1981.

Berichte aus dem Institut für Steuerungstechnik der Werkzeugmaschinen und Fertigungseinrichtungen der Universität Stuttgart

Herausgegeben von Prof. Dr.-Ing. G. Stute

Erschienen:

ISW 1: D. Schmid, Numerische Bahnsteuerung, 89 S., 1972

ISW 2: H. Schwegler, Fräsbearbeitung gekrümmter Flächen, 111 S., 1972

ISW 3: J. Eisinger, Numerisch gesteuerte Mehrachsenfräsmaschinen, 90 S., 1972

ISW 4: R. Nann, Rechnersteuerung von Fertigungseinrichtungen, 125 S., 1972

ISW 5: G. Augsten, Zweiachsige Nachformeinrichtungen, 140 S., 1972

ISW 6: B. Karl, Die Automatisierung der Fertigungsvorbereitung durch NC-Programmierung, 121 S., 1972

ISW 7: H. Eitel, NC-Programmiersystem, 117 S., 1973

ISW 8: E. Knorr, Numerische Bahnsteuerung zur Erzeugung von Raumkurven auf rotationssymmetrischen Körpern, 131 S., 1973

ISW 9: S. Bumiller, Viskohydraulischer Vorschubantrieb, 123 S., 1974

ISW 10: K. Maier, Grenzregelung an Werkzeugmaschinen, 139 S., 1974

ISW 11: J. Waelkens, NC-Programmierung, 159 S., 1974

ISW 12: E. Bauer, Rechnerdirektsteuerung von Fertigungseinrichtungen, 138 S., 1975

IWS 13: H. König, Entwurf und Strukturtheorie von Steuerungen für Fertigungseinrichtungen, 206 S., 1976

ISW 14: H. Damshon, Fünfachsiges NC-Fräsen, 143 S., 1976

ISW 15: H. Jetter, Programmierbare Steuerungen, 141 S., 1976

ISW 16: H. Henning, Fünfachsiges NC-Fräsen gekrümmter Flächen, 179 S., 1976

ISW 17: K. Boelke, Analyse und Beurteilung von Lagesteuerungen für numerisch gesteuerte Werkzeugmaschinen, 106 S., 1977

ISW 18: F.-R. Götz, Regelsystem mit Modellrückkopplung für variable Streckenverstärkung, 116 S., 1977

ISW 19: H. Tränkle, Auswirkungen der Fehler in den Positionen der Maschinenachsen beim fünfachsigen Fräsen, 103 S., 1977

ISW 20: P. Stof, Untersuchungen über die Reduzierung dynamischer Bahnabweichungen bei numerisch gesteuerten Werkzeugmaschinen, 118 S., 1978

ISW 21: R. Wilhelm, Planung und Auslegung des Materialflusses flexibler Fertigungssysteme, 158 S., 1978

ISW 22: N. Kappen, Entwicklung und Einsatz einer direkten digitalen Grenzregelung für eine Fräsmaschine mit CNC, 123 S., 1979

ISW 23: H. G. Klug, Integration automatisierter technischer Betriebsbereiche, 124 S., 1979

ISW 24: D. Binder, Interpolation in numerischen Bahnsteuerungen, 132 S., 1979

ISW 25: O. Klingler, Steuerung spanender Werkzeugmaschinen mit Hilfe von Grenzregeleinrichtungen (ACC), 124 S., 1979

ISW 26: L. Schenke, Auslegung einer technologisch-geometrischen Grenzregelung für die Fräsbearbeitung, 113 S., 1979

ISW 27: H. Wörn, Numerische Steuersysteme-Aufbau und Schnittstellen eines Mehrprozessorsteuersystems, 141 S., 1979

ISW 28: P. B. Osofisan, Verbesserung des Datenflusses beim fünfachsigen NC-Fräsen, 104 S., 1979

ISW 29: J. Berner, Verknüpfung fertigungstechnischer NC-Programmiersysteme, 101 S., 1979

ISW 30: K.-H. Böbel, Rechnerunterstütze Auslegung von Vorschubantrieben, 113 S., 1979

ISW 31: W. Dreher, NC-gerechte Beschreibung von Werkstücken in fertigungstechnisch orientierten Programmsystemen, 105 S., 1980

ISW 32: R. Schurr, Rechnerunterstützte Projektierung hydrostatischer Anlagen, 115 S., 198

ISW 33: W. Sielaff, Fünfachsiges NC-Umfangsfräsen verwundener Regelflächen. Beitrag zur Technologie und Teileprogrammierung, 97 S., 1981

ISW 34: J. Hesselbach, Digitale Lageregelung an numerisch gesteuerten Fertigungseinrichtungen, 111 S., 1981

ISW 35: P. Fischer, Rechnerunterstützte Erstellung von Schaltplänen am Beispiel der automatischen Hydraulikplanzeichnung, 111 S., 1981

ISW 36: U. Ackermann, Rechnerunterstützte Auswahl elektrischer Antriebe für spanende Werkzeugmaschinen, 118 S., 1981

ISW 37: W. Döttling, Flexible Fertigungssysteme – Steuerung und Überwachung des Fertigungsablaufs, 105 S., 1981

ISW 38: J. Firnau, Flexible Fertigungssysteme – Entwicklung und Erprobung eines zentralen Steuersystems, 112 S., 1982

ISW 39: A. Herrscher, Flexible Fertigungssysteme – Entwurf und Realisierung prozeßnaher Steuerungsfunktionen, 103 S., 1982

ISW 40: U. Spieth, Numerische Steuersysteme – Hardwareaufbau und Ablaufsteuerung eines Mehrprozessorsteuersystems, 115 S., 1982.

ISW 41: A. Schimmele, Rechnerunterstützter Entwurf von Funktionssteuerungen für Fertigungseinrichtungen, 106 S., 1982

ISW 42: M. Sanzenbacher, NC-gerechte Beschreibung von Werkstücken mit gekrümmten Flächen, 105 S., 1982.

ISW 43: W. Walter, Interaktive NC-Programmierung von Werkstücken mit gekrümmten Flächen, 112 S., 1982.

ISW 44: J. Huan, Bahnregelung zur Bahnerzeugung an numerisch gesteuerten Werkzeugmaschinen, 95 S., 1982.

ISW 45: H. Erne, Taktile Sensorführung für Handhabungseinrichtungen – Systematik und Auslegung der Steuerungen, 111 S., 1982.

ISW 46: D. Plasch, Numerische Steuersysteme – Standardisierte Softwareschnittstellen in Mehrprozessor-Steuersystemen, 112 S., 1983

ISW 47: Z. L. Wang, NC-Programmierung – Maschinennaher Einsatz von fertigungstechnisch orientierten Programmiersystemen, 103 S., 1983

Springer-Verlag
Berlin · Heidelberg · New York